# はじめての
# 論理回路

河辺 義信 著

Logic Circuit

森北出版株式会社

●本書のサポート情報を当社Webサイトに掲載する場合があります．下記のURLにアクセスし，サポートの案内をご覧ください．

https://www.morikita.co.jp/support/

●本書の内容に関するご質問は，森北出版 出版部「(書名を明記)」係宛に書面にて，もしくは下記のe-mailアドレスまでお願いします．なお，電話でのご質問には応じかねますので，あらかじめご了承ください．

editor@morikita.co.jp

●本書により得られた情報の使用から生じるいかなる損害についても，当社および本書の著者は責任を負わないものとします．

■本書に記載している製品名，商標および登録商標は，各権利者に帰属します．

■本書を無断で複写複製（電子化を含む）することは，著作権法上での例外を除き，禁じられています．複写される場合は，そのつど事前に(一社)出版者著作権管理機構（電話03-5244-5088, FAX03-5244-5089, e-mail：info@jcopy.or.jp）の許諾を得てください．また本書を代行業者等の第三者に依頼してスキャンやデジタル化することは，たとえ個人や家庭内での利用であっても一切認められておりません．

# まえがき

　皆さんが普段使っているコンピュータは，「論理回路」とよばれる膨大な数の部品からできています．論理回路の内部には，さらに「論理ゲート」とよばれる素子が集まっていて，そこに電気を流すことで，コンピュータの機能 (計算を行ったり，さまざまな処理を行ったり) が実現されています．

　この本では，こうしたコンピュータの機能を自分の手で作れるようになることを究極の目標に，学びを進めていきます．「コンピュータの機能を自分の手で作る」というとやや大げさに聞こえるかもしれませんが，最近では二足歩行ロボットやライントレースカーなどを自分で設計している小中学生もいるようなので，それほど無茶な目標でもないのかもしれません．

　実際にコンピュータの機能を自分の手で作るには，

- 論理式に関する基礎知識
- 論理ゲートに関する知識
- 回路の効率化に関する知識
- メモリ (記憶素子) を必要とする場合の，回路設計の知識

などの，さまざまな論理回路に関する基礎知識が必要になりますし，また，

- 上記の基礎知識を生かすための，回路設計の経験

も必要でしょう．もちろん，いきなり大規模なコンピュータを一から作りあげるのは難しいわけですが，まずは第一歩として入門的なところを学んでもらって，面白さを感じとってもらえればと思います．

　この本では，手を動かしながらやってみる，ということを重視します．その意味では理論的な話はあまり出てきませんが，それでも問題を解き進めるための「頭の基礎体力」は必要です．手と頭を動かしながら，また楽しみながら，学んでいってもらえればと思います．

2016 年 1 月

著　者

# 目　次

### 第 1 章　準　備　　1
　1.1　2 進数　……………………………………………………　1
　1.2　8 進数と 16 進数　………………………………………　5
　1.3　ビットとバイト　…………………………………………　7
　章末例題　………………………………………………………　9
　演習問題　………………………………………………………　10

### 第 2 章　論理演算の基礎　　12
　2.1　命題・論理記号・論理式　………………………………　13
　2.2　真理値表　…………………………………………………　14
　2.3　同等な論理式　……………………………………………　18
　章末例題　………………………………………………………　19
　演習問題　………………………………………………………　22

### 第 3 章　論理ゲートの紹介　　23
　3.1　論理式と論理回路　………………………………………　23
　3.2　論理式と回路図の間の変換　……………………………　25
　3.3　NAND ゲートから成る回路を作る　……………………　28
　章末例題　………………………………………………………　33
　演習問題　………………………………………………………　34

### 第 4 章　回路の簡単化　　36
　4.1　カルノー図——2 変数の場合　…………………………　36
　4.2　簡単化の際の注意点・疑問点　…………………………　38
　4.3　例題 (2 変数の場合)　……………………………………　41
　4.4　カルノー図——3 変数の場合　…………………………　42
　4.5　論理式の簡単化 (3 変数の場合)　………………………　42
　章末例題　………………………………………………………　45
　演習問題　………………………………………………………　48

## 第 5 章　回路の簡単化——発展編　49
　5.1　カルノー図——4 変数の場合　49
　5.2　囲み方に関する注意点　51
　5.3　ドントケア項　53
　章末例題　56
　演習問題　60

## 第 6 章　回路の設計演習 (1)——4 ビット加算器　62
　6.1　4 ビット加算器を設計しよう　62
　6.2　半加算器 (ハーフアダー)　63
　6.3　全加算器 (フルアダー)　64
　6.4　4 ビット加算器の完成　66
　章末例題　68
　演習問題　70

## 第 7 章　回路の設計演習 (2)——7 セグメントデコーダ　72
　7.1　7 セグメントデコーダ　72
　7.2　回路図の作成　73
　7.3　回路図の作成 (もう一工夫)　74
　章末例題　76
　演習問題　78

## 第 8 章　順序回路とは　79
　8.1　順序回路の例と種類　79
　8.2　記憶のための素子　81
　8.3　順序回路を作ってみよう　83
　章末例題　87
　演習問題　88

## 第 9 章　順序回路の設計　89
　9.1　カウンタ　89
　9.2　自動販売機　93
　9.3　順序回路の解析　95
　章末例題　97
　演習問題　98

## 第 10 章　さまざまな論理回路 —— 組み合わせ回路編　　100

 10.1　マルチプレクサ　……………………………………………　100
 10.2　デマルチプレクサ　…………………………………………　101
 10.3　デコーダ　……………………………………………………　101
 10.4　エンコーダ　…………………………………………………　102
 10.5　高速な加算器　………………………………………………　103
 章末例題　……………………………………………………………　106
 演習問題　……………………………………………………………　108

## 第 11 章　さまざまな論理回路 —— 順序回路編　　111

 11.1　タイミングチャートによる状態の図示　…………………　111
 11.2　入出力の遅延とフリップフロップ　………………………　113
 11.3　カウンタふたたび　…………………………………………　115
 11.4　JK-フリップフロップを使ったカウンタ回路　…………　118
 章末例題　……………………………………………………………　119
 演習問題　……………………………………………………………　121

## 第 12 章　HDL による論理回路設計　　122

 12.1　回路記号を使わない論理設計手法　………………………　122
 12.2　Verilog HDL を使った記述例 (組み合わせ回路)　………　123
 12.3　Verilog HDL を使った記述例 (順序回路)　………………　124
 12.4　さまざまな HDL と開発ツール　…………………………　126
 12.5　HDL を使った開発の流れと FPGA　……………………　128
 章末例題　……………………………………………………………　130

## 演習問題の解答集　　132

## 参考文献　　150

## 索　引　　151

# 第1章 準備

　この章では，論理回路を学ぶ準備として，数値や文字がコンピュータの内部でどのように表現されるのかを，述べていきます．コンピュータの内部では「0」と「1」の2種類の文字を使い，これらをいくつか組み合わせることで数値や文字を表しています．数値や文字の表現とは具体的にはどのようなものなのか，人間が普段から使う数値の表現 (10進数) からコンピュータの数値表現に変換するにはどうすればよいか，などを学びます．

## 1.1　2進数

　計算をする際，私たちはふつう10進数 (10進法) を使っています．これは，0〜9までの10種類の数値を1桁として使い，また，各桁の数が9を超えるたびに桁を一つずつ増やしていく，という考え方です．10進数の考え方は，人間の両手の指の数が10本であることに由来しているようです．

　しかし私たちは，10進法ばかりを使っているわけではありません．たとえば，時計では12進法 (「時」を表す) や60進法 (「分」「秒」を表す) が使われていますし，アナログ時計の文字盤によく使われるローマ数字では5進法 (ローマ数字には，5を表す「V」や，50を表す「L」などがあります) が採用されています．このほかにも，たとえば論理学の教科書にはペアノ算術とよばれる考え方が出てきますが，そこでは1進数 (1を $s$，2を $ss$，3を $sss$ などのように表現する[*1]) に基づく計算が行われます．

　コンピュータが普及した現代では，**2進数** がよく使われるようになりました．現代のコンピュータというのは，大雑把な言い方ですが，「膨大な数のスイッチの集合体」と見ることができます．また，そこで処理されるさまざまなデータ (数値や文字) も，コンピュータの内部的には，スイッチの「ON」と「OFF」の2種類の組み合わせとして表現されています．スイッチが入っていることを数値の「1」を使って表し，一方でスイッチが切れていることを数値「0」で表すことで，数値や文字などのデータを0

---

[*1]　実際には，1は $s(0)$，2は $s(s(0))$，3は $s(s(s(0)))$ のように表記するのですが，本書では細かい点については，目をつぶるとします．大事なのは「記号 $s$ が何個並ぶか」によって，値が表現されるという点です．

と 1 の列 (2 進数) として表現することができます．以下では，2 進数を使った数の表現について紹介します．

■**2 進数と 10 進数**　まずは，10 進数と 2 進数の対応を確認しましょう．表 1.1 を見てください．表の一番左の列が 10 進数の値で，2 番目がそれに対応する 2 進数の値です[*1]．10 進数の 0 は 2 進数の 0 に，10 進数の 1 は 2 進数の 1 に，そのまま対応しています．しかし，10 進数の 2 は，2 進数では (桁が一つ上がって) 10 になります．さらに，10 進数の 3 は 2 進数では 11，10 進数の 4 は 2 進数では (また桁が一つ上がって) 100，といったように数えていきます．

表 1.1　10 進数，2 進数，8 進数，16 進数

| 10 進数 | 2 進数 | 8 進数 | 16 進数 |
|---|---|---|---|
| 0 | 0 | 0 | 0 |
| 1 | 1 | 1 | 1 |
| 2 | 10 | 2 | 2 |
| 3 | 11 | 3 | 3 |
| 4 | 100 | 4 | 4 |
| 5 | 101 | 5 | 5 |
| 6 | 110 | 6 | 6 |
| 7 | 111 | 7 | 7 |
| 8 | 1000 | 10 | 8 |
| 9 | 1001 | 11 | 9 |

| 10 進数 | 2 進数 | 8 進数 | 16 進数 |
|---|---|---|---|
| 10 | 1010 | 12 | A |
| 11 | 1011 | 13 | B |
| 12 | 1100 | 14 | C |
| 13 | 1101 | 15 | D |
| 14 | 1110 | 16 | E |
| 15 | 1111 | 17 | F |
| 16 | 10000 | 20 | 10 |
| 17 | 10001 | 21 | 11 |
| ⋮ | ⋮ | ⋮ | ⋮ |

表 1.1 では，0～17 までの値について示されていますが，10 進数と 2 進数の間の変換は，一般的にはどのようにすればできるのでしょうか？　これを考えていくために，ひとまず，10 進数の「12345」という数の表記を考えてみましょう．この表記は，

- 10000 の位が「1」で，
- 1000 の位が「2」で，
- 100 の位が「3」で，
- 10 の位が「4」で，
- 1 の位が「5」

であるような値を表しています．つまり，数の並び「12345」に対して，

---

[*1] この表の中では，さらに 8 進数と 16 進数も示してあります (左から 3 番目の列と，一番右側の列)．これらについては，1.2 節で，詳しく紹介します．

$$1 \times 10000 + 2 \times 1000 + 3 \times 100 + 4 \times 10 + 5 \tag{1.1}$$

のようにすれば，10 進数の値としての「意味」を与えることができる，ということです．

ここで，式 (1.1) をよく眺めてみましょう．一般的な法則が見えてきます．$n$ 個の数の並び「$d_n d_{n-1} d_{n-2} \cdots d_2 d_1$」（ただし，各 $d_1, \ldots, d_n$ は 0〜9）を $n$ 桁の 10 進数とみなすということは，この「数の並び」が

$$d_n \times 10^{n-1} + d_{n-1} \times 10^{n-2} + \cdots + d_2 \times 10^1 + d_1 \times 10^0 \tag{1.2}$$

という値に対応するとみなすことです．同じように考えると，「$b_n b_{n-1} b_{n-2} \cdots b_2 b_1$」という数の並び（ただし，各 $b_1, \ldots, b_n$ は 0〜1）を $n$ 桁の 2 進数として考えるということは，この数の並びを

$$b_n \times 2^{n-1} + b_{n-1} \times 2^{n-2} + \cdots + b_2 \times 2^1 + b_1 \times 2^0 \tag{1.3}$$

という数値に対応させることに相当します．つまり，2 進数 $b_n b_{n-1} b_{n-2} \cdots b_2 b_1$ を 10 進数に変換するには，式 (1.3) に沿って (10 進数で) 計算すればよい，ということになります．ここで，例題をやってみましょう．

> **例 1.1** 以下の 2 進数を，10 進数に変換しなさい．
> - 101
> - 10010
> - 10000101

まず，3 桁の 2 進数「101」ですが，表 1.1 から 10 進数の 5 に対応しているはずです．実際，式 (1.3) に沿って計算してみましょう．すると，

$$1 \times 2^2 + 0 \times 2^1 + 1 \times 2^0$$
$$= 2^2 + 2^0$$
$$= 4 + 1$$
$$= 5$$

となり，正しいことがわかります．次に，5 桁の 2 進数「10010」ですが，これは

$$1 \times 2^4 + 0 \times 2^3 + 0 \times 2^2 + 1 \times 2^1 + 0 \times 2^0$$
$$= 2^4 + 2^1$$
$$= 16 + 2$$
$$= 18$$

です．ここまで二つやってみると，

実際には「1」である桁のみを考えればよい

という法則に気づきます．つまり，(下から数えて) $i$ 桁目の値が 1 だったら，$2^{i-1}$ を足せばよいわけです．2 進数「10000101」の場合で試してみましょう．計算結果は，

$$2^7 + 2^2 + 2^0 = 128 + 4 + 1$$
$$= 133$$

です ($2^0 \sim 2^{16}$ ぐらいまでは，どんな値か，覚えておくとよいです)．

■**10 進数から 2 進数への変換**　2 進数から 10 進数への変換方法がわかりましたが，10 進数から 2 進数に変換するには，どうすればよいでしょうか？ ふたたび，10 進数「12345」を例に考えてみましょう．各桁の値ですが，たとえば 12345 であれば，

$$12345 \div 10 = 1234 \quad \cdots \quad 5 \quad （割った余り）$$
$$1234 \div 10 = 123 \quad \cdots \quad 4 \quad （割った余り）$$
$$123 \div 10 = 12 \quad \cdots \quad 3 \quad （割った余り）$$
$$12 \div 10 = 1 \quad \cdots \quad 2 \quad （割った余り）$$
$$1 \div 10 = 0 \quad \cdots \quad 1 \quad （割った余り）$$

のように，次々に 10 で割り続ければ求められます．「割った余り」のところを下から上に見ていくと「12345」という 10 進数の表記が得られる，ということです．

　10 進数のときは「10 で割り続ける」ことをしていますが，2 進数であれば，「2 で割り続ける」ことで，各桁の値が求められます．たとえば，10 進数の「5」(例 1.1 の 1 番目の 2 進数「101」に対応) であれば，

$$5 \div 2 = 2 \quad \cdots \quad 1 \quad （割った余り）$$
$$2 \div 2 = 1 \quad \cdots \quad 0 \quad （割った余り）$$
$$1 \div 2 = 0 \quad \cdots \quad 1 \quad （割った余り）$$

とすれば，2進数「101」が得られます．

例 1.1 の 2 番目と 3 番目 (18 と 133) についても，2 進数に戻してみましょう．まず 18 ですが，

$$18 \div 2 = 9 \quad \cdots \quad 0 \, (割った余り)$$
$$9 \div 2 = 4 \quad \cdots \quad 1 \, (割った余り)$$
$$4 \div 2 = 2 \quad \cdots \quad 0 \, (割った余り)$$
$$2 \div 2 = 1 \quad \cdots \quad 0 \, (割った余り)$$
$$1 \div 2 = 0 \quad \cdots \quad 1 \, (割った余り)$$

とすれば，2進数「10010」に戻せます．同様に，133も，

$$133 \div 2 = 66 \quad \cdots \quad 1 \, (割った余り)$$
$$66 \div 2 = 33 \quad \cdots \quad 0 \, (割った余り)$$
$$33 \div 2 = 16 \quad \cdots \quad 1 \, (割った余り)$$
$$16 \div 2 = 8 \quad \cdots \quad 0 \, (割った余り)$$
$$8 \div 2 = 4 \quad \cdots \quad 0 \, (割った余り)$$
$$4 \div 2 = 2 \quad \cdots \quad 0 \, (割った余り)$$
$$2 \div 2 = 1 \quad \cdots \quad 0 \, (割った余り)$$
$$1 \div 2 = 0 \quad \cdots \quad 1 \, (割った余り)$$

とすれば，2進数「10000101」に戻せます．　⇒ 章末例題 1.1 (p.9) も参照

## 1.2　8進数と16進数

2進数は「0と1の長い列」なので，人間にとっては，ちょっと読みにくいです．そこで，扱いを少し容易にするために，しばしば2進数は，**8進数**や**16進数**に変換されます．ここでは，2進数と8進数 (あるいは16進数) がどのように対応するのか，考えてみましょう．

■**2進数と8進数の対応**　1.1節の表1.1では，2進数と10進数の対応のほか，
- 8進数
- 16進数

との対応も紹介しました．この表の中で，2進数のところと8進数のところを，よく見比べてみましょう．すると，1桁の8進数が，実は3桁の2進数に対応することが見てとれます．実際，

$$
\begin{array}{llll}
000 \longleftrightarrow 0 & 001 \longleftrightarrow 1 & 010 \longleftrightarrow 2 & 011 \longleftrightarrow 3 \\
100 \longleftrightarrow 4 & 101 \longleftrightarrow 5 & 110 \longleftrightarrow 6 & 111 \longleftrightarrow 7
\end{array}
\tag{1.4}
$$

のように対応しています (矢印の左が 3 桁の 2 進数で，右が 1 桁の 8 進数)．なお，ここでは，1 桁や 2 桁の 2 進数 (0, 1, 10, 11) も，ゼロを補って 3 桁で表現しました．

この対応を使うと，2 進数の値を簡単に 8 進数に変換できます．2 進数「10000101」を例として，考えてみましょう．まず，(下の桁のほうから) 3 桁ごとに区切って

$$10 \quad 000 \quad 101$$

とします．「10 (= 010)」は 2 に，「000」は 0 に，「101」は 5 に対応するので，変換すると，8 進数の「205」が得られます．

$n$ 進法の「$n$」が 2 のべき乗になっているとき，2 進数からの変換が簡単に行えます．たとえば，いまは 8 進数を扱っていますが，8 という数値は $2^3$ であり，2 のべき乗になっているので，2 進数からの変換が簡単に行えるわけです．また，べき乗の肩に乗っている値 ($2^3$ の「3」) が「2 進数を何桁ごとに区切ればよいか」を表しています．

■**2 進数と 16 進数の対応** 同じように考えると，2 進数から 16 進数への変換も容易にできます．1 桁の 16 進数は，4 桁の 2 進数に対応します ($16 = 2^4$)．4 桁の 2 進数は，16 進数の 1 桁に，次のように対応しています．

$$
\begin{array}{llll}
0000 \longleftrightarrow 0 & 0001 \longleftrightarrow 1 & 0010 \longleftrightarrow 2 & 0011 \longleftrightarrow 3 \\
0100 \longleftrightarrow 4 & 0101 \longleftrightarrow 5 & 0110 \longleftrightarrow 6 & 0111 \longleftrightarrow 7 \\
1000 \longleftrightarrow 8 & 1001 \longleftrightarrow 9 & 1010 \longleftrightarrow A & 1011 \longleftrightarrow B \\
1100 \longleftrightarrow C & 1101 \longleftrightarrow D & 1110 \longleftrightarrow E & 1111 \longleftrightarrow F
\end{array}
\tag{1.5}
$$

ここでは，A〜F というアルファベットが出てきていますね．16 進数では 1 桁を表すために 16 種類の記号が必要なわけですが，0〜9 の 10 個だけでは足りないので，さらに 6 個のアルファベットも使うのです．数字を表すのにアルファベットを使うというのは，はじめて見る人には変な感じがするかもしれません．しかし，伝統的にコンピュータの世界では，

- A は，10 進数の 10
- B は，10 進数の 11
- C は，10 進数の 12
- D は，10 進数の 13
- E は，10 進数の 14

- F は，10 進数の 15

の意味で使われ，慣れ親しまれています．

さて，8 進数のときと同様に，2 進数「10000101」を 16 進数に変換してみましょう．まず，(下の桁のほうから) 4 桁ごとに区切ると

$$1000 \quad 0101$$

となり，さらに「1000」を「8」に，「0101」を「5」に変換すれば，16 進数「85」が得られます．

なお，「85」が 16 進数であることを明記するために，前に「0x」をつけて「0x85」のような表記をすることがあります[*1]．本章の残りの部分でも，この表記を使うことにします． 🔵 章末例題 1.2 (p.10) も参照

## 1.3 ビットとバイト

コンピュータや論理回路の世界では，数値や文字をはじめとするすべてのデータは「0」と「1」の並びとして表現されます．データを表現する一つひとつの 0 や 1 は**ビット** (bit) とよばれ，これは "binary digit" (2 進数字) から作られた造語です．また，0 と 1 の並びのことを，**ビット列**とよんだりもします．さらに，たとえば

「1011 は，4 ビットの値である」

のような言い方で，ビット列の中に何個のビットがあるかを表すこともあります．

単独のビットでは「0」と「1」の二つの情報しか表せませんが，何ビットか組み合わせることで，数値や文字などのより複雑な情報を表現できるようになります．たとえば 2 ビットあれば，4 通りの値

$$00, \ 01, \ 10, \ 11$$

を表現できますし，3 ビットあれば ($2^3 =$) 8 通りの値を表現できます．

論理回路やコンピュータを設計する際には，何ビットかをひとまとめにして扱います．ひとまとめで扱うことのできる最小の単位は，**バイト**とよばれます．1 バイトが何ビットに相当するのかは，厳密には決まっていないのですが，伝統的に，

$$1 \text{ バイト} = 8 \text{ ビット}$$

---

[*1] この表記は，有名なプログラミング言語である C 言語で使われるやり方です．このほかにも「&H85」や「$85」など，いくつか表記法はあるのですが，すべて「16 進数の 85」を表します．

という考え方が定着しています．これは，1960 年代にベストセラーとなった IBM 社の「System/360」という汎用計算機が「1 バイト = 8 ビット」を採用していたことが，定着した理由のようです．しかし，それよりも以前には「1 バイト = 6 ビット」とするコンピュータ (CDC 社による初期のコンピュータ) や，「1 バイト = 9 ビット」のコンピュータ (DEC PDP-10 や NEC ACOS-6)，さらには「1 バイト = 10 ビット」のコンピュータ (BB&N 社のコンピュータ) もあったそうです．

■**文字の表現** ところで，ビット列そのものには固有の意味はありません．ハードウェアあるいはソフトウェアのほうで，ビット列に意味 (数値であったり，文字であったり，...) を与えます．たとえば，ビット列を使って文字を表す際は，表 1.2 のような表を使い，

文字「a」は，文字コード「0x61」に対応する<br>(すなわち，ビット列「1100001」に対応する)

のように，あらかじめ文字コード (すなわち，ビット列) と文字の対応を決めた上で処

表 1.2 ASCII コード

| 16 進 | 0 | 1 | 2 | 3 | 4 | 5 | 6 | 7 |
|---|---|---|---|---|---|---|---|---|
| 0 | NUL | DLE |   | 0 | @ | P | ' | p |
| 1 | SOH | DC1 | ! | 1 | A | Q | a | q |
| 2 | EXT | DC2 | " | 2 | B | R | b | r |
| 3 | EOT | DC3 | # | 3 | C | S | c | s |
| 4 | EOT | DC4 | $ | 4 | D | T | d | t |
| 5 | ENQ | NAK | % | 5 | E | U | e | u |
| 6 | ACK | SYN | & | 6 | F | V | f | v |
| 7 | BEL | ETB | ' | 7 | G | W | g | w |
| 8 | BS | CAN | ( | 8 | H | X | h | x |
| 9 | HT | EM | ) | 9 | I | Y | i | y |
| A | LF | SUB | * | : | J | Z | j | z |
| B | VT | ESC | + | ; | K | [ | k | { |
| C | FF | FS | , | < | L | \ | l | \| |
| D | CR | GS | - | = | M | ] | m | } |
| E | SO | RS | . | > | N | ^ | n | ~ |
| F | SI | US | / | ? | O | _ | o | DEL |

理を行います．なお，この表は米国標準文字コードとよばれますが，**ASCII コード**[*1]
という呼称のほうが広く浸透しています．ASCII コードは 7 ビットから成り，128 種
類の文字を定義しています．ただし，文字コード 00〜1F にはあまり見慣れない文字
がありますが，これら 32 種類の文字は，「改行処理」などの画面制御用として使われ
る特別な記号です．

　日本では，ASCII コードを 8 ビットに拡張し (つまり，256 文字を扱います)，拡張
された分の 128 文字に半角カタカナ文字などを割り当てた JIS コードとよばれるもの
が広く使われてきました．さらに最近では，漢字 (全角文字) を表現するために，

- JIS コード (電子メールなどで利用)
- Shift JIS (または，SJIS) コード
- EUC コード (UNIX オペレーティングシステムで漢字を使う際に定着)
- UTF-8 そのほかの，unicode とよばれるコード (日本語の文字に限らず，さまざまな非英語圏の文字を表現するのに使われる)

などのさまざまな文字コードが作られ，用途ごとに使われています．

## 章末例題

**1.1** (**10 進数から 2 進数などへの変換**)　10 進数の「56」を，2 進数，8 進数，および 16 進
数に変換しなさい．

　**解**　それぞれ，以下のとおり．

2 進数：　56 に対して，「2 で割り続ける」計算を行っていくと，

$$56 \div 2 = 28 \quad \cdots \quad 0 \,(割った余り)$$
$$28 \div 2 = 14 \quad \cdots \quad 0 \,(割った余り)$$
$$14 \div 2 = 7 \quad \cdots \quad 0 \,(割った余り)$$
$$7 \div 2 = 3 \quad \cdots \quad 1 \,(割った余り)$$
$$3 \div 2 = 1 \quad \cdots \quad 1 \,(割った余り)$$
$$1 \div 2 = 0 \quad \cdots \quad 1 \,(割った余り)$$

となる．よって，2 進数表現は，「111000」である．

8 進数：　10 進数の「56」の 2 進数表現は「111000」．これを 3 桁ずつに区切ると

$$111 \quad 000$$

と表すことができて，さらに「2 進数と 8 進数の対応」(1.4) より

- 2 進数の「111」は，8 進数の「7」

---

[*1]　「アスキーコード」と読みます．

- 2 進数の「000」は，8 進数の「0」

であるから，10 進数の「56」の 8 進数表現は「70」．

**16 進数：** 8 進数の場合と同様に，2 進数から求めてみる．2 進数「111000」を 4 桁ずつに区切る (さらに，上位の足りない 2 桁は，ゼロで補っておく)．すると，

$$0011 \quad 1000$$

と書ける．「2 進数と 16 進数の対応」(1.5) から，

- 2 進数の「0011」は，16 進数の「3」
- 2 進数の「1000」は，16 進数の「8」

となり，10 進数の「56」の 16 進数表現は「38」となる．

**1.2** (**16 進数から 2 進数などへの変換**) 16 進数の「0x4A」を，2 進数，8 進数，10 進数に変換しなさい．

**解** それぞれ，以下のとおり．

**2 進数：** 「2 進数と 16 進数の対応」(1.5) から，16 進数の「4」と「A」は，それぞれ 2 進数では「0100」と「1010」になるので，16 進数の「0x4A」は

$$01001010$$

と書ける (もちろん，先頭の 0 を書かずに「1001010」としても正解)．

**8 進数：** 16 進数の「0x4A」の 2 進数表現「01001010」を 3 桁ずつに区切る (さらに，不足する桁はゼロで補完する) と，

$$001 \quad 001 \quad 010$$

と表せるので，「2 進数と 8 進数の対応」(1.4) から，8 進数表現は「112」である．

**10 進数：** 本文中で示した考え方を応用すれば，16 進数の「4A」は，

$$4 \times 16^1 + 10 \times 16^0 = 4 \times 16 + 10 \times 1 \quad \text{(注：記号「A」は数値 10 に対応)}$$
$$= 64 + 10$$
$$= 74$$

より求められる．よって，答えは「74」．

## 演 習 問 題

**問 1.1** 以下の値は，10 進数で表記してある．2 進数，8 進数，16 進数のそれぞれに変換しなさい．

(1) 255

(2) 1000

(3) 4321

(4) 53890

問 1.2　以下の 16 進数を，2 進数，8 進数，10 進数に変換しなさい．
(1) 0x8B
(2) 0x132
(3) 0xABC
(4) 0xFC3B

問 1.3　「1 バイト = 12 ビット」のとき，1 バイトで何通りの値を表現できるか答えなさい．

問 1.4　次の ASCII コードの列を，文字の列に変換してみなさい．あるいは，変換・表示するコンピュータプログラムを作ってもよい．
0x47 0x65 0x6f 0x72 0x67 0x65 0x20 0x57 0x61 0x73 0x68 0x69 0x6e 0x67 0x74
0x6f 0x6e 0x20 0x77 0x61 0x73 0x20 0x62 0x6f 0x72 0x6e 0x20 0x69 0x6e 0x20
0x31 0x37 0x33 0x32 0x2e

問 1.5　10 進数の「12345」を，9 進数に変換しなさい．

# 第2章
## 論理演算の基礎

まず，ちょっとしたクイズを出しましょう．

---

ある囚人がいて，二つの部屋から一方を選ばなければならないとしよう．

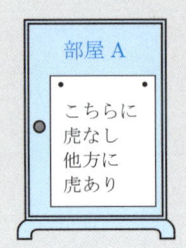

部屋 A：こちらに虎なし　他方に虎あり

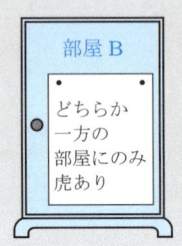

部屋 B：どちらか一方の部屋にのみ虎あり

部屋の中には虎がいることがあり，もし虎の部屋を選ぶと，囚人は食われてしまう．一方，虎がいない部屋を選べば，囚人は自由になれる．運悪く両方の部屋に虎がいるかもしれないし，運よくどちらの部屋にも虎はいないかもしれないし，片方の部屋だけに虎がいることもある．いま，部屋がどんな状態なのかは，囚人にはわからない．

部屋の扉には，注意書きが書いてある．注意書きは嘘の場合もあれば本当の場合もある．囚人を捕えた王様からヒントが与えられるが，このヒントは常に本当である．

いま，王様からのヒントが

「注意書きの片方は本当だがもう片方は嘘」

だとしたら，囚人はどちらの部屋を選ぶべきか？ それとも，どちらの部屋を選んでも，この囚人は虎に食われてしまう運命なのだろうか？

---

どちらの部屋が正解か，わかったでしょうか？ 答えがどちらの部屋かはともかくして，この問題を考える際，たぶん皆さんは，

「部屋 A の注意書きが正しい場合は？」
「部屋 B のほうが正しいなら？」

のように仮定しながら，つじつまの合う解を導くのではと思います．

人の頭の中で行われるこうした推論のようすは，記号を使って表現することができます．命題論理というのですが，記号を使って文章を表現し，さらに「正しい or 正しくない」を推

論するのです．また，実は命題論理は，論理回路設計の基礎でもあります．

## 2.1 命題・論理記号・論理式

真偽を論じうる主張を表す文のことを**命題**といいます．真偽というのは，「正しい」とか「正しくない」ということです．命題の例としては，たとえば

(1) 太郎は大学生である

(2) 太郎は人間である

などが挙げられます．たとえば，太郎さんが大学生であれば命題 (1) は真 (正しい) ですし，太郎さんが高校生であれば偽 (正しくない) ということになります．一方，命題でない文の例としては

(3) こんにちは

(4) おはようございます

などが挙げられます．「こんにちは」が正しいとか正しくないかなんて，議論できないわけです．だから，命題とはいいません．命題論理では，命題のみを扱っていきます．

日本語の文は，

「太郎は大学生である かつ 太郎は人間である」

のような，複雑な構造をもつことができます．こうした構造をもつ文を，次のような記号を使って表すことにします．

> **定義 2.1** 命題を表現する記号として，次のようなものを使います．
> - **論理変数 (命題変数)**：基本的な文 (たとえば「太郎は大学生である」といった文章) を表す記号．数学で使う変数のように，文字で表す．
>   — $p, q, r, \ldots$ など
> - **論理記号**：命題を結合するための記号．各記号の意味は，以下のとおり (なお，論理記号そのものは「$A$ の上にある横棒」や「$\cdot$」「$+$」「$\oplus$」です)．
>   — $\overline{A}$ (論理否定)：$A$ でない
>   — $A \cdot B$ (論理積 (連言ともいう))：$A$ かつ $B$　($A \cdot B$ を $AB$ とも書く)
>   — $A + B$ (論理和 (選言ともいう))：$A$ または $B$ (両方とも成り立ってもよい)
>   — $A \oplus B$ (排他的論理和)：$A$ または $B$ のどちらか一方のみが成り立つ

これらの記号を使い，以下の定義に沿って，文を表す「式」を作っていきます．

14　第 2 章　論理演算の基礎

> **定義 2.2**　次の三つから定まる記号列を，**論理式**といいます．
> (1) 論理変数は論理式である．
> (2) $P$ が論理式ならば $\overline{P}$ は論理式である．
> (3) $P$ と $Q$ が論理式ならば
> $$(P \cdot Q), \quad (P + Q), \quad (P \oplus Q)$$
> は論理式である[*1]．

少しわかりにくいので，例を使って見ていきましょう．たとえば，

$$(P+Q) \cdot \overline{(P \cdot Q)} \quad \text{や} \quad (P \cdot \overline{Q}) + (\overline{P} \cdot Q)$$

は上の定義を満たす式になっていますが，

$$(P \cdot \oplus \quad \text{あるいは} \quad \overline{(+Q\mp)})$$

といった記号列は，条件を満たしていません．

## 2.2　真理値表

次に，論理式の「意味」について紹介します．次の文の意味を考えてみましょう．

> 「私は大学生である」
> 「私は人間である」
> 「私は人間であり かつ 私は大学生である」

「自分が大学生である」の意味となると，この本を読んでいる大学生の人にとっては，哲学的な話になりそうです (でも，一度ぐらい考えるのは，有意義かもしれません)．ふつうに考えると難しい話になりがちですが，論理では「意味」をもっと単純に考えます．命題論理では，文 (つまり論理式) の意味は
- 真　(本書では，以下，ビット「1」で真を表すことにします)

---

[*1] ただし，論理記号の結合の強さに従って，括弧は省略可とします．ここでは，強さの順は
$$\overline{P} > \cdot > + > \oplus$$
としておきます (たとえば，$A \cdot B \oplus C$ と書いたら，$(A \cdot B) \oplus C$ だということ)．また，強さが同じなら，$A \cdot B \cdot C = A \cdot (B \cdot C)$ のように，右側に結合するものとします．

- 偽 （同じく，ビット「0」で偽を表します）

のどちらかです．もともと，命題とは「真偽を論じうる主張を表す文」のことでした．だから，真偽 (正しいか，正しくないか) を意味と考えるわけです．たとえば，この本を読んでいる皆さんにとって

「私は人間である」

という命題の意味は真 (正しい) でしょうし，

「私は高校生である」

は，大学生にとっては偽 (正しくない) でしょう．

　論理記号でつながれた複雑な式の意味を決めるときは，**真理値表**という表を使います．真理値表とは，表 2.1 のように，論理式の真偽の決め方を記した表のことです．これは，暗記してしまいましょう．この表に沿って考えると，たとえば

- $P$ (私は人間である) が真 (1)
- $Q$ (私は大学生である) が偽 (0)

のとき，表 2.1 (b) の 2 行目から，$P \cdot Q$ (私は人間であり かつ 私は大学生である) は偽 (0) になります．ここで，例題をやってみましょう．

表 2.1 真理値表

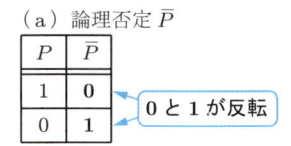

(a) 論理否定 $\overline{P}$

| $P$ | $\overline{P}$ |
|---|---|
| 1 | 0 |
| 0 | 1 |

0 と 1 が反転

(b) 論理積 $P \cdot Q$

| $P$ | $Q$ | $P \cdot Q$ |
|---|---|---|
| 1 | 1 | 1 |
| 1 | 0 | 0 |
| 0 | 1 | 0 |
| 0 | 0 | 0 |

$P$ と $Q$ がともに 1 のときだけ，$P \cdot Q$ は 1 になる（ふつうの「掛け算」と同じ）

(c) 論理和 $P + Q$

| $P$ | $Q$ | $P + Q$ |
|---|---|---|
| 1 | 1 | 1 |
| 1 | 0 | 1 |
| 0 | 1 | 1 |
| 0 | 0 | 0 |

$P$ と $Q$ の少なくとも片方が 1 のときに，$P + Q$ は 1 になる（$1 + 1 = 1$ は例外だが，基本はふつうの「足し算」と同じ）

(d) 排他的論理和 $P \oplus Q$

| $P$ | $Q$ | $P \oplus Q$ |
|---|---|---|
| 1 | 1 | 0 |
| 1 | 0 | 1 |
| 0 | 1 | 1 |
| 0 | 0 | 0 |

$P$ と $Q$ の値が異なるときに，$P \oplus Q$ は 1 になる

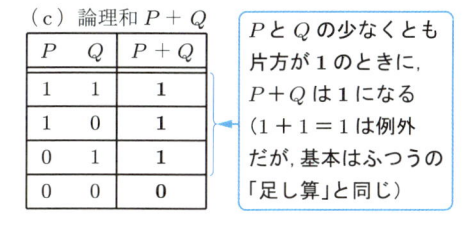

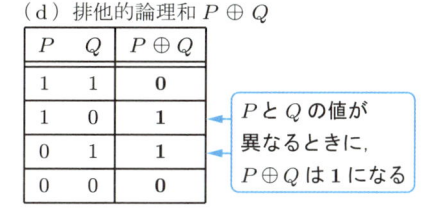

**例 2.1** 表 2.2 の真理値表を埋めて，$P, Q$ がどのような値のときに論理式「$\overline{P} + Q$」が真になるか，確認しなさい．

## 第 2 章 論理演算の基礎

表 2.2

| P | Q | $\overline{P}$ | $\overline{P}+Q$ |
|---|---|---|---|
| 1 | 1 |   |   |
| 1 | 0 |   |   |
| 0 | 1 |   |   |
| 0 | 0 |   |   |

ポイントは，いきなり最後の論理式 ($\overline{P}+Q$) の真偽を求めるのではなく，その部分式 ($\overline{P}$) の真偽をきちんと求めること．面倒くさがらずに，やりましょう．まず最初に $\overline{P}$ の意味を求めましょう．$P$ の列を見ながら，その反対 (0 を 1 に，1 を 0 に) を $\overline{P}$ に書き入れます．結果は，次の表のようになるはずです．

| P | Q | $\overline{P}$ | $\overline{P}+Q$ |
|---|---|---|---|
| 1 | 1 | **0** |   |
| 1 | 0 | **0** |   |
| 0 | 1 | **1** |   |
| 0 | 0 | **1** |   |

$1 \longleftrightarrow 0, 0 \longleftrightarrow 1$ となっている

ここまで来たら，あとは表の $\overline{P}+Q$ の列を埋めるだけ．部分式である $\overline{P}$ と $Q$ の列を見ながら，表 2.1(c) に沿って「+ のルール」を適用し，空欄を埋めてください．

| P | Q | $\overline{P}$ | $\overline{P}+Q$ |
|---|---|---|---|
| 1 | 1 | 0 | **1** |
| 1 | 0 | 0 | **0** |
| 0 | 1 | 1 | **1** |
| 0 | 0 | 1 | **1** |

$1 + 0 = 1, 0 + 0 = 0$ など
($1 + 1 = 1$ を除き，足し算と同じです）

これで，できあがり．論理式 $\overline{P}+Q$ の意味は，

　　「$P$ が真 (1) で $Q$ が偽 (0)」のときは偽 (0) で，それ以外はすべて真 (1)

です．

　もう一つ真理値表を書いてみましょう．ここでは $((P \oplus Q) \cdot P) + Q$ を例とします．

**例 2.2**　表 2.3 の真理値表を埋めて，$P, Q$ がどのような値のときに論理式「$((P \oplus Q) \cdot P) + Q$」が真になるか，確認しなさい．

## 2.2 真理値表

表 2.3

| $P$ | $Q$ | $P \oplus Q$ | $(P \oplus Q) \cdot P$ | $((P \oplus Q) \cdot P) + Q$ |
|---|---|---|---|---|
| 1 | 1 |   |   |   |
| 1 | 0 |   |   |   |
| 0 | 1 |   |   |   |
| 0 | 0 |   |   |   |

表 2.3 のマス目を，順に埋めていきましょう．まず最初に，表 2.1 (d) に従って $P \oplus Q$ の列を埋めると，

| $P$ | $Q$ | $P \oplus Q$ | $(P \oplus Q) \cdot P$ | $((P \oplus Q) \cdot P) + Q$ |
|---|---|---|---|---|
| **1** | **1** | **0** |   |   |
| **1** | **0** | **1** |   |   |
| **0** | **1** | **1** |   |   |
| **0** | **0** | **0** |   |   |

となります．次に，$(P \oplus Q) \cdot P$ のところが埋められそうですね．表 2.1 の (b) に沿って進めてみると，

| $P$ | $Q$ | $P \oplus Q$ | $(P \oplus Q) \cdot P$ | $((P \oplus Q) \cdot P) + Q$ |
|---|---|---|---|---|
| 1 | 1 | 0 | **0** |   |
| 1 | 0 | 1 | **1** |   |
| 0 | 1 | 1 | **0** |   |
| 0 | 0 | 0 | **0** |   |

となります．最後に，表 2.1 の (c) に従って $((P \oplus Q) \cdot P) + Q$ の列を埋めると

| $P$ | $Q$ | $P \oplus Q$ | $(P \oplus Q) \cdot P$ | $((P \oplus Q) \cdot P) + Q$ |
|---|---|---|---|---|
| 1 | 1 | 0 | 0 | **1** |
| 1 | 0 | 1 | 1 | **1** |
| 0 | 1 | 1 | 0 | **1** |
| 0 | 0 | 0 | 0 | **0** |

となって，これは

「$P$ と $Q$ の両方が偽 (0)」の場合のみ偽 (0) となり，それ以外は真 (1) となる式

ということがわかります．

**18** 第 2 章 論理演算の基礎

ここまでで，真理値表を書く例を二つやってみました．他の論理式についても練習をして，慣れていってください．　⇒ 章末例題 2.1 (p.19) も参照

## 2.3　同等な論理式

だいぶ真理値表も書けるようになったでしょうから，次に「同等な論理式」という概念を紹介しましょう．同じ真理値をとる二つの論理式を**同等**とよびます．たとえば，$P \oplus Q$ と $(\overline{P} \cdot Q) + (P \cdot \overline{Q})$ は同等です．真理値表を書いて，確かめてみましょう．

まず，排他的論理和については，表 2.1 の (d) から即座に

| $P$ | $Q$ | $P \oplus Q$ | $\overline{P}$ | $\overline{Q}$ | $\overline{P} \cdot Q$ | $P \cdot \overline{Q}$ | $(\overline{P} \cdot Q)+(P \cdot \overline{Q})$ |
|---|---|---|---|---|---|---|---|
| 1 | 1 | 0 |   |   |   |   |   |
| 1 | 0 | 1 |   |   |   |   |   |
| 0 | 1 | 1 |   |   |   |   |   |
| 0 | 0 | 0 |   |   |   |   |   |

となります．次に，$\overline{P}$ と $\overline{Q}$ のところを「$P$, $Q$ のゼロイチのパターンをひっくり返す」ようにして埋めます．これにより，

| $P$ | $Q$ | $P \oplus Q$ | $\overline{P}$ | $\overline{Q}$ | $\overline{P} \cdot Q$ | $P \cdot \overline{Q}$ | $(\overline{P} \cdot Q)+(P \cdot \overline{Q})$ |
|---|---|---|---|---|---|---|---|
| 1 | 1 | 0 | 0 | 0 |   |   |   |
| 1 | 0 | 1 | 0 | 1 |   |   |   |
| 0 | 1 | 1 | 1 | 0 |   |   |   |
| 0 | 0 | 0 | 1 | 1 |   |   |   |

が得られます．ここでさらに $\overline{P}$ の列と $Q$ の列に対して，表 2.1(b) の「・のルール」を適用し，また同時に，$P$ の列と $\overline{Q}$ の列に「・のルール」を適用すれば，

| $P$ | $Q$ | $P \oplus Q$ | $\overline{P}$ | $\overline{Q}$ | $\overline{P} \cdot Q$ | $P \cdot \overline{Q}$ | $(\overline{P} \cdot Q)+(P \cdot \overline{Q})$ |
|---|---|---|---|---|---|---|---|
| 1 | 1 | 0 | 0 | 0 | 0 | 0 |   |
| 1 | 0 | 1 | 0 | 1 | 0 | 1 |   |
| 0 | 1 | 1 | 1 | 0 | 1 | 0 |   |
| 0 | 0 | 0 | 1 | 1 | 0 | 0 |   |

となります．最後に，表 2.1 (c) の「＋のルール」を使えば，

| $P$ | $Q$ | $P \oplus Q$ | $\overline{P}$ | $\overline{Q}$ | $\overline{P} \cdot Q$ | $P \cdot \overline{Q}$ | $(\overline{P} \cdot Q)+(P \cdot \overline{Q})$ |
|---|---|---|---|---|---|---|---|
| 1 | 1 | 0 | 0 | 0 | 0 | 0 | 0 |
| 1 | 0 | 1 | 0 | 1 | 0 | 1 | 1 |
| 0 | 1 | 1 | 1 | 0 | 1 | 0 | 1 |
| 0 | 0 | 0 | 1 | 1 | 0 | 0 | 0 |

「$P \oplus Q$」の列と「$(\overline{P} \cdot Q)+(P \cdot \overline{Q})$」の列のゼロイチのパターンは，まったく同じです．

となるので，真理値表はできあがり．これを見ると，$P \oplus Q$ の列と $(\overline{P} \cdot Q)+(P \cdot \overline{Q})$ の列が，まったく同じ「ゼロイチのパターン」をもっていることがわかります．こうしたとき，「$P \oplus Q$ と $(\overline{P} \cdot Q)+(P \cdot \overline{Q})$ は同等」とよぶのです．

論理式は，同等な別の論理式に置き換えてかまいません．同等な式の例としては，

- 二重否定の法則 ($\overline{\overline{P}} = P$) ➡ 章末例題 2.2 (p.19) も参照
- ド・モルガンの法則 第 1 式 ($\overline{P \cdot Q} = \overline{P} + \overline{Q}$) ➡ 章末例題 2.2 (p.20) も参照
- ド・モルガンの法則 第 2 式 ($\overline{P + Q} = \overline{P} \cdot \overline{Q}$) ➡ 章末例題 2.3 (p.20) も参照

などが有名です．大事な式ですから，覚えておきましょう．また，その他のいくつかの論理式の同等性についても，章末例題を用意してあります．真理値表による同等性の確認を，やってみてください．➡ 章末例題 2.4 (p.20) も参照

## 章 末 例 題

**2.1 (真理値表)** 次の論理式の真理値表を作りなさい．

(1) $X = A \cdot (B + \overline{B})$
(2) $Y = (\overline{A} \cdot \overline{B}) + (B \cdot A)$

**解** 真理値表は，以下のとおり．

| $A$ | $B$ | $\overline{B}$ | $B + \overline{B}$ | $X$ | $\overline{A}$ | $\overline{A} \cdot \overline{B}$ | $B \cdot A$ | $Y$ |
|---|---|---|---|---|---|---|---|---|
| 1 | 1 | 0 | 1 | 1 | 0 | 0 | 1 | 1 |
| 1 | 0 | 1 | 1 | 1 | 0 | 0 | 0 | 0 |
| 0 | 1 | 0 | 1 | 0 | 1 | 0 | 0 | 0 |
| 0 | 0 | 1 | 1 | 0 | 1 | 1 | 0 | 1 |

これより，式 $X = A \cdot (B+\overline{B})$ は，式 $A$ と同等である．また，式 $Y = (\overline{A} \cdot \overline{B})+(B \cdot A)$ は，$A$ と $B$ が同じ値をとるときにのみ「1」となる論理式である．

**2.2 (論理式の同等性)** 次の論理式の同等性を示しなさい．

(1) 二重否定の法則 ($P = \overline{\overline{P}}$)

## 第 2 章 論理演算の基礎

(2) ド・モルガンの法則 (第 1 式) ($\overline{P \cdot Q} = \overline{P} + \overline{Q}$)

**解** 以下の真理値表より，両辺の論理式が同一の真理値をもつと確認できる．

（1）二重否定の法則

| $P$ | $\overline{P}$ | $\overline{\overline{P}}$ |
|---|---|---|
| 1 | 0 | **1** |
| **0** | 1 | **0** |

（2）ド・モルガン（第 1 式）

| $P$ | $Q$ | $P \cdot Q$ | $\overline{P \cdot Q}$ | $\overline{P}$ | $\overline{Q}$ | $\overline{P} + \overline{Q}$ |
|---|---|---|---|---|---|---|
| 1 | 1 | 1 | **0** | 0 | 0 | **0** |
| 1 | 0 | 0 | **1** | 0 | 1 | **1** |
| 0 | 1 | 0 | **1** | 1 | 0 | **1** |
| 0 | 0 | 0 | **1** | 1 | 1 | **1** |

**2.3** (**同等性 (2)**) ド・モルガンの法則 (第 2 式) ($\overline{P + Q} = \overline{P} \cdot \overline{Q}$) の両辺の同等性を示しなさい．

**解** 以下の真理値表より，$\overline{P + Q}$ と $\overline{P} \cdot \overline{Q}$ は同等である．

| $P$ | $Q$ | $P + Q$ | $\overline{P + Q}$ | $\overline{P}$ | $\overline{Q}$ | $\overline{P} \cdot \overline{Q}$ |
|---|---|---|---|---|---|---|
| 1 | 1 | 1 | **0** | 0 | 0 | **0** |
| 1 | 0 | 1 | **0** | 0 | 1 | **0** |
| 0 | 1 | 1 | **0** | 1 | 0 | **0** |
| 0 | 0 | 0 | **1** | 1 | 1 | **1** |

**2.4** (**同等性 (3)**) 真理値表を書いて，論理式の同等性を示しなさい．

(1) $A + B \cdot C = (A + B) \cdot (A + C)$
(2) $A \cdot (B + C) = A \cdot B + A \cdot C$　((1)(2) を分配則という)
(3) $A \cdot B + C \cdot D = (A + C) \cdot (A + D) \cdot (B + C) \cdot (B + D)$
(4) $\overline{A} \oplus \overline{B} = A \oplus B$

**解** (1) 下記より，$A + B \cdot C$ と $(A + B) \cdot (A + C)$ は同等である．

| $A$ | $B$ | $C$ | $B \cdot C$ | $A + B \cdot C$ | $A + B$ | $A + C$ | $(A + B) \cdot (A + C)$ |
|---|---|---|---|---|---|---|---|
| 1 | 1 | 1 | 1 | **1** | 1 | 1 | **1** |
| 1 | 1 | 0 | 0 | **1** | 1 | 1 | **1** |
| 1 | 0 | 1 | 0 | **1** | 1 | 1 | **1** |
| 1 | 0 | 0 | 0 | **1** | 1 | 1 | **1** |
| 0 | 1 | 1 | 1 | **1** | 1 | 1 | **1** |
| 0 | 1 | 0 | 0 | **0** | 1 | 0 | **0** |
| 0 | 0 | 1 | 0 | **0** | 0 | 1 | **0** |
| 0 | 0 | 0 | 0 | **0** | 0 | 0 | **0** |

(2) 下記より，$A \cdot (B + C)$ と $A \cdot B + A \cdot C$ は同等である．

| $A$ | $B$ | $C$ | $B+C$ | $A\cdot(B+C)$ | $A\cdot B$ | $A\cdot C$ | $A\cdot B+A\cdot C$ |
|---|---|---|---|---|---|---|---|
| 1 | 1 | 1 | 1 | **1** | 1 | 1 | **1** |
| 1 | 1 | 0 | 1 | **1** | 1 | 0 | **1** |
| 1 | 0 | 1 | 1 | **1** | 0 | 1 | **1** |
| 1 | 0 | 0 | 0 | **0** | 0 | 0 | **0** |
| 0 | 1 | 1 | 1 | **0** | 0 | 0 | **0** |
| 0 | 1 | 0 | 1 | **0** | 0 | 0 | **0** |
| 0 | 0 | 1 | 1 | **0** | 0 | 0 | **0** |
| 0 | 0 | 0 | 0 | **0** | 0 | 0 | **0** |

(3) $X = A\cdot B + C\cdot D$ および $Y = (A+C)\cdot(A+D)\cdot(B+C)\cdot(B+D)$ とおく．次の真理値表より，$X$ と $Y$ は同等である．

| $A$ | $B$ | $C$ | $D$ | $A\cdot B$ | $C\cdot D$ | $X$ | $A+C$ | $A+D$ | $B+C$ | $B+D$ | $Y$ |
|---|---|---|---|---|---|---|---|---|---|---|---|
| 1 | 1 | 1 | 1 | 1 | 1 | **1** | 1 | 1 | 1 | 1 | **1** |
| 1 | 1 | 1 | 0 | 1 | 0 | **1** | 1 | 1 | 1 | 1 | **1** |
| 1 | 1 | 0 | 1 | 1 | 0 | **1** | 1 | 1 | 1 | 1 | **1** |
| 1 | 1 | 0 | 0 | 1 | 0 | **1** | 1 | 1 | 1 | 1 | **1** |
| 1 | 0 | 1 | 1 | 0 | 1 | **1** | 1 | 1 | 1 | 1 | **1** |
| 1 | 0 | 1 | 0 | 0 | 0 | **0** | 1 | 1 | 1 | 0 | **0** |
| 1 | 0 | 0 | 1 | 0 | 0 | **0** | 1 | 1 | 0 | 1 | **0** |
| 1 | 0 | 0 | 0 | 0 | 0 | **0** | 1 | 1 | 0 | 0 | **0** |
| 0 | 1 | 1 | 1 | 0 | 1 | **1** | 1 | 1 | 1 | 1 | **1** |
| 0 | 1 | 1 | 0 | 0 | 0 | **0** | 1 | 0 | 1 | 1 | **0** |
| 0 | 1 | 0 | 1 | 0 | 0 | **0** | 0 | 1 | 1 | 1 | **0** |
| 0 | 1 | 0 | 0 | 0 | 0 | **0** | 0 | 0 | 1 | 1 | **0** |
| 0 | 0 | 1 | 1 | 0 | 1 | **1** | 1 | 1 | 1 | 1 | **1** |
| 0 | 0 | 1 | 0 | 0 | 0 | **0** | 1 | 0 | 1 | 0 | **0** |
| 0 | 0 | 0 | 1 | 0 | 0 | **0** | 0 | 1 | 0 | 1 | **0** |
| 0 | 0 | 0 | 0 | 0 | 0 | **0** | 0 | 0 | 0 | 0 | **0** |

(4) 下記より，$\overline{A}\oplus\overline{B}$ と $A\oplus B$ は同等である．

| $A$ | $B$ | $\overline{A}$ | $\overline{B}$ | $\overline{A}\oplus\overline{B}$ | $A\oplus B$ |
|---|---|---|---|---|---|
| 1 | 1 | 0 | 0 | **0** | **0** |
| 1 | 0 | 0 | 1 | **1** | **1** |
| 0 | 1 | 1 | 0 | **1** | **1** |
| 0 | 0 | 1 | 1 | **0** | **0** |

# 第 2 章 論理演算の基礎

## 演 習 問 題

**問 2.1** 次の表を埋めて，論理式 $X = (p \oplus q) \oplus ((q \oplus r) \oplus (p \oplus r))$ の真理値を調べなさい．

| $p$ | $q$ | $r$ | $p \oplus q$ | $q \oplus r$ | $p \oplus r$ | $(q \oplus r) \oplus (p \oplus r)$ | $X$ |
|---|---|---|---|---|---|---|---|
| 0 | 0 | 0 | | | | | |
| 0 | 0 | 1 | | | | | |
| 0 | 1 | 0 | | | | | |
| 0 | 1 | 1 | | | | | |
| 1 | 0 | 0 | | | | | |
| 1 | 0 | 1 | | | | | |
| 1 | 1 | 0 | | | | | |
| 1 | 1 | 1 | | | | | |

**問 2.2** 真理値表を書いて，論理式の同等性を示しなさい．

(1) $A + A = A$
(2) $A + A \cdot B = A$
(3) $A \cdot (A + B) = A$
(4) $A + \overline{A} \cdot B = A + B$
(5) $A \cdot (\overline{A} + B) = A \cdot B$
(6) $A + (\overline{A} + B) = \overline{A \cdot (\overline{A} \cdot B)}$
(7) $A \cdot B + B \cdot C + C \cdot \overline{A} = A \cdot B + C \cdot \overline{A}$
(8) $(A + B) \cdot (B + C) \cdot (C + \overline{A}) = (A + B) \cdot (C + \overline{A})$
(9) $(A + B) \cdot (\overline{A} + C) = A \cdot C + \overline{A} \cdot B$
(10) $(A + B) \cdot (C + D) = A \cdot C + A \cdot D + B \cdot C + B \cdot D$
(11) $\overline{A \cdot C + B \cdot \overline{C}} = \overline{A} \cdot C + \overline{B} \cdot \overline{C}$
(12) $\overline{(A + C) \cdot (B + \overline{C})} = (\overline{A} + C) \cdot (\overline{B} + \overline{C})$

# 第3章
# 論理ゲートの紹介

本章から，回路設計に進んでいきたいと思います．まず最初に「論理ゲート」とよばれる部品を紹介してから，論理式から回路図へ，どのように変換すればよいかを示します．また，論理ゲートには何種類かがあるのですが，ある特定の種類の部品 (NAND ゲート) のみを使って回路が作れることも紹介します．

## 3.1 論理式と論理回路

皆さんが使っているコンピュータは，論理回路の集合体です．つまり，論理式を「**論理ゲート**」とよばれる素子を使って，電子的に実装したものといえます．論理ゲートには，AND ゲート ($A \cdot B$) や OR ゲート ($A + B$) などがあり，たとえば，

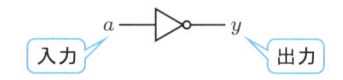

は論理否定 ($y = \bar{a}$) の実装にあたる論理ゲートです．なお，論理ゲートには入力と出力があり，ここでは，左側 (端子 $a$) がゲートの入力，右側 (端子 $y$) が出力を表しています．論理ゲートには，以下のものがあります (図中では，$a$ と $b$ が入力，$y$ が出力を表すとします．また，図はゲートの記号，表は対応する真理値表です)．

- AND ゲート (論理積 $y = a \cdot b$ に対応するゲート)

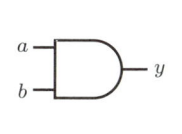

| 入力 $a$ | 入力 $b$ | 出力 $y$ |
|---|---|---|
| 1 | 1 | 1 |
| 1 | 0 | 0 |
| 0 | 1 | 0 |
| 0 | 0 | 0 |

入力 ($a$ および $b$) と出力 ($y$) の対応関係は，第 2 章の表 2.1(b) での定義と同じです．

## 第 3 章　論理ゲートの紹介

- OR ゲート (論理和 $y = a + b$ に対応するゲート)

| 入力 $a$ | 入力 $b$ | 出力 $y$ |
|---|---|---|
| 1 | 1 | 1 |
| 1 | 0 | 1 |
| 0 | 1 | 1 |
| 0 | 0 | 0 |

> 入出力の対応関係は，第 2 章の表 2.1(c) の定義と同じです．

- NOT ゲート (論理否定 $y = \overline{a}$ に対応するゲート)

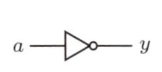

| 入力 $a$ | 出力 $y$ |
|---|---|
| 1 | 0 |
| 0 | 1 |

> 第 2 章の表 2.1(a) に対応します．出力側に「まる」記号があるのが特徴で，この「まる」だけで論理否定を表すこともあります (後述の NAND, NOR ゲートも参照)．

- NAND ゲート (否定論理積 $y = \overline{a \cdot b}$ に対応するゲート)

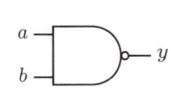

| 入力 $a$ | 入力 $b$ | 出力 $y$ |
|---|---|---|
| 1 | 1 | 0 |
| 1 | 0 | 1 |
| 0 | 1 | 1 |
| 0 | 0 | 1 |

> AND ゲートの出力側に否定を表す「まる」をつけた形をしています．出力 $y$ は，入力 ($a$ および $b$) の論理積の否定 ($\overline{a \cdot b}$) です．

- NOR ゲート (否定論理和 $y = \overline{a + b}$ に対応するゲート)

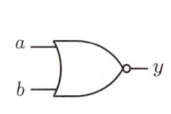

| 入力 $a$ | 入力 $b$ | 出力 $y$ |
|---|---|---|
| 1 | 1 | 0 |
| 1 | 0 | 0 |
| 0 | 1 | 0 |
| 0 | 0 | 1 |

> OR ゲートの出力側に否定を表す「まる」をつけた形をしています．出力 $y$ は，入力 ($a$ および $b$) の論理和の否定 ($\overline{a + b}$) です．

- **Exclusive-OR ゲート** (排他的論理和 $y = a \oplus b$ に対応するゲート)

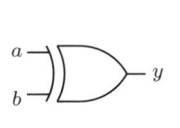

| 入力 $a$ | 入力 $b$ | 出力 $y$ |
|---|---|---|
| 1 | 1 | 0 |
| 1 | 0 | 1 |
| 0 | 1 | 1 |
| 0 | 0 | 0 |

> 入出力の対応関係は, 第 2 章の表 2.1(d) の定義と同じです.

それぞれの図形と, どんな意味のゲートなのかを, 覚えてしまいましょう.

## 3.2 論理式と回路図の間の変換

ここでは, 論理式 $f = (a \cdot \overline{b}) + ((a + (\overline{b} \cdot c)) \cdot d)$ を題材に, 論理式から論理回路 (論理ゲートの集まり) への変換方法を紹介します.

■**最外の演算に注目**　変換の際には, 論理式の「もっとも外側 (最外) の演算」に注目します. 最外の演算というのは, 「全体をカバーする演算」という意味です. たとえば

$$f = \underline{(a \cdot \overline{b})} + \underline{((a + (\overline{b} \cdot c)) \cdot d)}$$

であれば, 真ん中の「+」が最外の演算です. 左右にある色のついた式は, + 記号の引数 (パラメータ) に相当します. これを見ると, たしかに式 $f$ の全体に渡って, 色がついて (つまり, カバーできて) いることがわかります.

> 例 3.1　最外の演算を示します.
> - 「$a \cdot \overline{b}$」では, 左から 2 文字目の「・(論理積)」
> - 「$(a + (\overline{b} \cdot c)) \cdot d$」では, 右から 2 文字目の「・(論理積)」
> - 「$a + (\overline{b} \cdot c)$」では, 左から 2 文字目の「+ (論理和)」
> - 「$\overline{b} \cdot c$」では, 左から 2 文字目の「・(論理積)」

■**変換の流れ**　それでは, 論理回路に変換してみましょう. 出力側 (下記の図でいう右側) から描いていきます. 図も見ながら, 理解してください.

[1] 式 $f$ は $X + Y$ の形 ($X = a \cdot \overline{b}, Y = (a + (\overline{b} \cdot c)) \cdot d$) をしています. つまり, 最外の演算は「+」なので「⟩ (論理和のゲート記号)」を描きます.

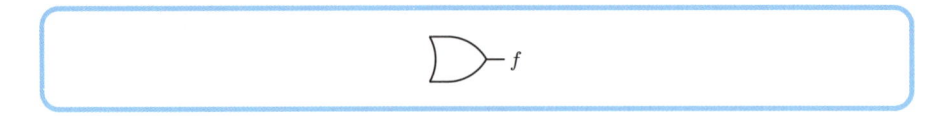

26　第 3 章　論理ゲートの紹介

[2] 式 $X$ の最外の演算は「・」なので「▷(論理積のゲート記号)」を描きます．

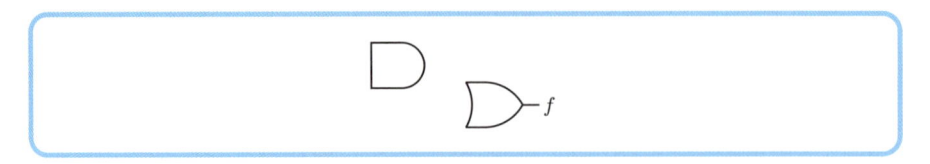

さらに，論理積ゲートの出力から論理和ゲートの入力に，配線します．

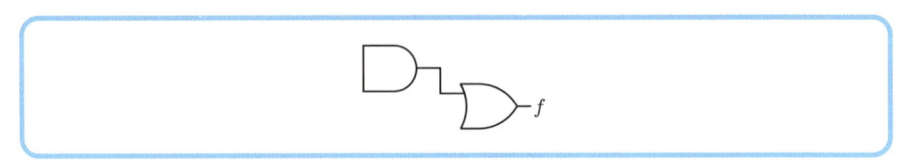

[2′] 式 $Y$ についても，式 $X$ と同様に考え，論理ゲートを描いて配線します．

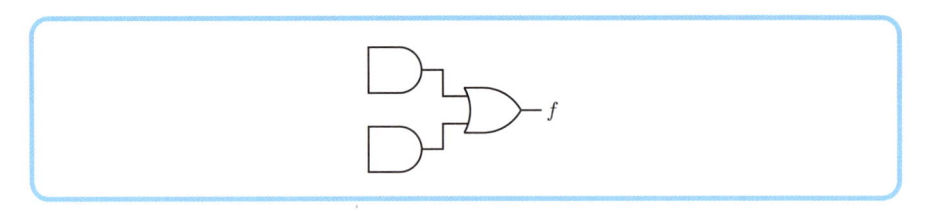

[3] 以後，これを $X$ や $Y$ の部分式についても繰り返し行えば，最終的に図 3.1 のような回路図が得られます．

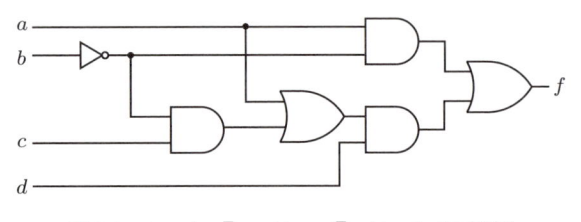

図 3.1　$f = (a \cdot \overline{b}) + ((a + (\overline{b} \cdot c)) \cdot d)$ の回路図

■ **回路図から論理式へ**　これまでは論理式を回路図に変換しましたが，同様の考え方で，回路図から論理式を導くこともできます．今回は，図 3.1 の回路図から式 $f$ を求

3.2 論理式と回路図の間の変換

めてみましょう．

まず，回路の出力の一番近くを見ると，論理和ゲートがあり，

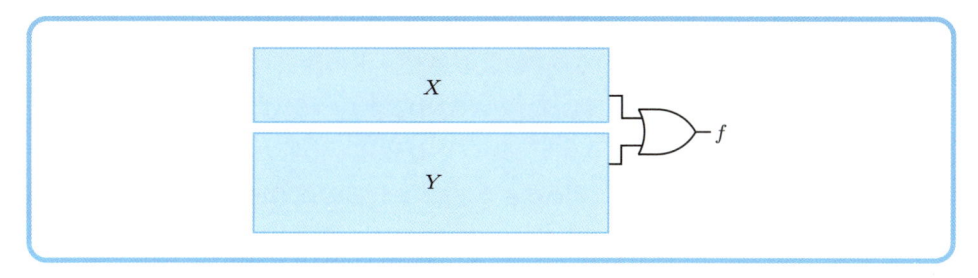

という形の回路だとわかります．つまり，$f$ は「$X+Y$」という形の論理式だということです．ここで，部分式 $X$ と $Y$ を，それぞれ見ていきます．$X$ 部に注目すると，

という回路です．この回路図は論理積のゲート記号をもつので

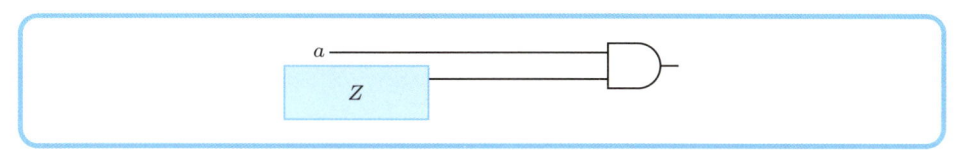

と見ることができ (すなわち，論理式 $f$ は $(a \cdot Z) + Y$ という形)，さらに部分式 $Z$ は

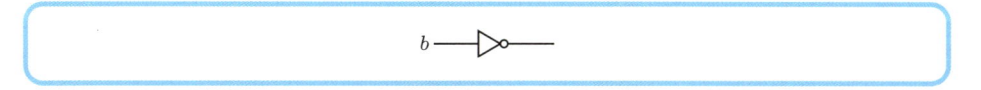

です ($Z = \overline{b}$) から，$f = (a \cdot \overline{b}) + Y$ だとわかります．さらに，図 3.1 の回路の $Y$ 部

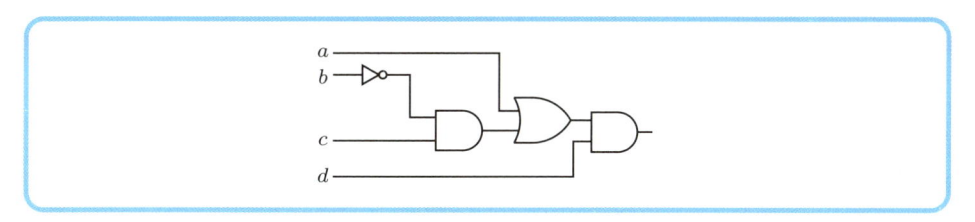

についても同様に考えて変換を行っていくと，論理式 $f = (a \cdot \overline{b}) + ((a + (\overline{b} \cdot c)) \cdot d)$ を最終的に得ることができます． 章末例題 3.1 (p.33) も参照

## 3.3　NANDゲートから成る回路を作る

電気回路の観点から見ると，NANDやNORのほうが，ANDやORよりも，実は構造が単純です．実際，トランジスタによる各ゲートの設計図を見ると，図 3.2 のようになっています．ここで，「VDD」や「GND」という記号が出てきていますが，VDD は電圧の高い場所 (5 ボルトなど) を，GND は電圧の低い場所 (0 ボルト) を表しています (詳しい説明は，ここでは省きます)．これらの設計図から読み取れる大事なことは，NAND や NOR のゲートは，AND や OR のゲートに比べて，基本となる部品 (図 (f) など) の数が少なく済んでいる，ということです．さらに，よく見ると，

- AND の回路は「NAND の回路 + NOT の回路」
- OR の回路は「NOR の回路 + NOT の回路」

という構成をしていることにも，気づくことでしょう．

一般に，部品の数が少なければ，故障しにくくなりますし，また電気の消費も抑えられます．したがって，「もし NAND や NOR だけで回路が組めるのなら，そうしたほうがよい」といえます．幸いなことに，そうした回路を作ることは可能です．し

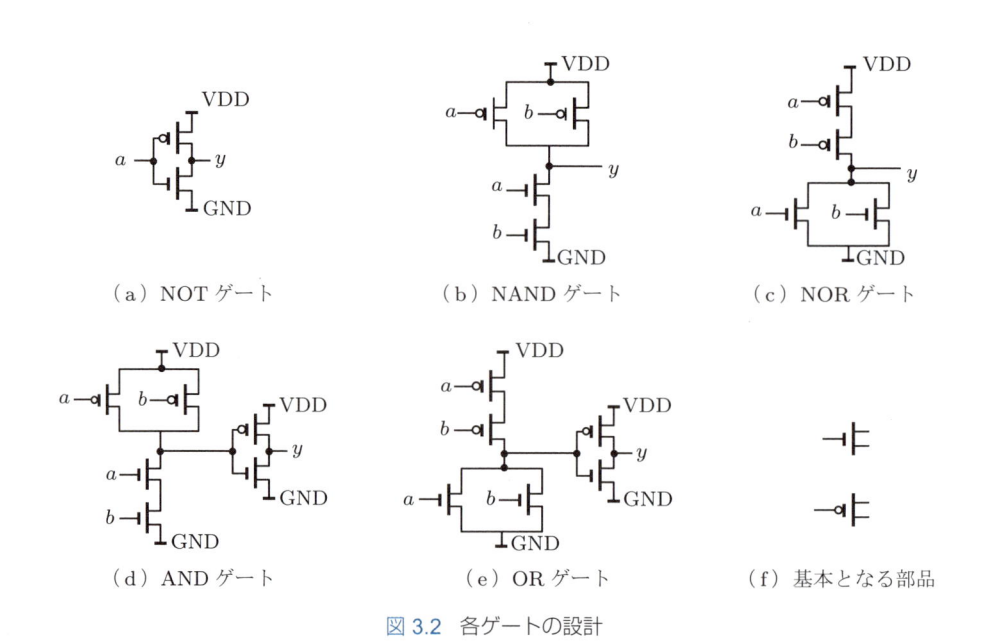

（a）NOT ゲート　　（b）NAND ゲート　　（c）NOR ゲート

（d）AND ゲート　　（e）OR ゲート　　（f）基本となる部品

図 3.2　各ゲートの設計

かも，NAND ゲート (と，NOT ゲート) だけで回路を作れます*1．以下では，具体的な回路の作り方を学びます．

まず準備として，NAND ゲートの記号を確認しておきましょう．NAND は，

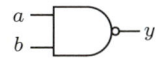

$$a, b \rightarrow \text{NAND} \rightarrow y$$

でした．また 2.3 節の最後にて，

$$\text{ド・モルガンの法則 (第 1 式)}：\overline{a \cdot b} = \overline{a} + \overline{b}$$

を紹介しましたが，この左辺はまさに NAND そのものです．一方，右辺 ($\overline{a} + \overline{b}$) は

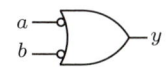

$$a, b \rightarrow \text{OR with inverted inputs} \rightarrow y$$

と描けますから (OR ゲートのすべての入力に，NOT を表す「まる」をつけています)，

$$\text{NAND} = \text{OR with inverted inputs}$$

が成り立ちます．両辺は同等ですので，

「回路中に右辺の形が出てきたら，左辺 (NAND ゲート) に置き換えてよい」

といえます．

さて，それでは NAND から成る回路を作りましょう．以下，おおまかな説明ですが，変換方法です．

### ■変換方法

[1] ゲート ▷ や ▷ の入出力部分に，回路全体の入出力関係が保存されるようにしながら (後述の例 3.2 の説明も参照ください)，NOT を表す「まる (◦)」を付け加えて，中間形式の回路を作る．具体的には，ゲート ▷ の出力に「まる」を付け加えて ▷○ を作ったり，ゲート ▷ の入力に「まる」を付け加えて ○▷ を作る．ただし，入力部分につけるときは，すべての入力に「まる」をつけること．

[2] ゲート ○▷，○▷ などを ▷○ に置き換える (完成)．

---

*1 明らかに $\overline{A} = \overline{A \cdot A}$ が成り立ちますから，NOT ゲート ▷○ (等式の左辺 $\overline{A}$ に対応) は NAND ゲートによる表現 ▷○ (右辺 $\overline{A \cdot A}$ に対応) で置き換え可能です．ただし本書では，説明の都合上 NOT ゲートも用いて話を進めることにします．

以上の説明には，やや不十分なところもありますので，例を使って変換のようすを見てみたいと思います．

> **例 3.2** 図 3.3 の回路図を，NAND ゲートのみから成る回路に変換しなさい．
>
> 図 3.3

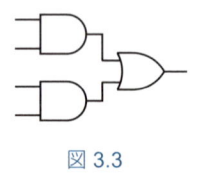

まず，手順 [1] に従って，図 3.3 から中間形式の回路

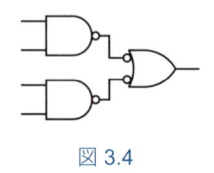

図 3.4

を作ります．ここで，回路全体の入出力関係が保存されるように，うまく「まる」を付け加えることが大切です．具体的には，配線の片方の端に「まる」をつけたら，もう一方の端にも「まる」をつけるようにしてください．どうしてこのようにするかというと，図 3.4 の回路図が実質的に

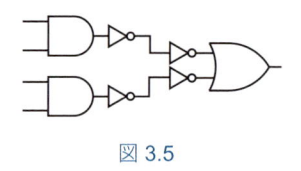

図 3.5

と同じものであることと，さらに 2.3 節の最後で紹介した「二重否定の法則 ($\overline{\overline{P}} = P$)」が成り立つことが，その理由です．二重否定の法則というのは，

と

は互いに置き換えてよい，ということです．実際，図 3.3 の AND ゲートと OR ゲートの間の配線 (2 箇所) を

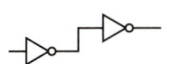

に置き換えると，図 3.5 の回路図を導けます．

さらに手順 [2] に沿って，図 3.4 に現れる ⊃○ を ⊐○ に置き換えれば，NAND ゲートのみから成る回路

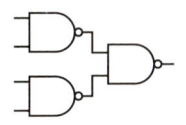

が得られます．

別の例も，紹介しましょう．

> **例 3.3** 図 3.6 の回路図を，NAND と NOT のみから成る回路図に変換しなさい．
>
> 図 3.6

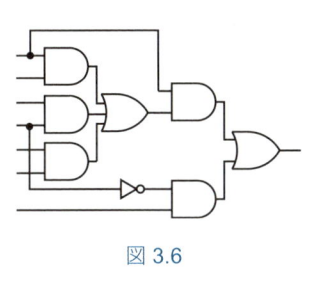

まず，手順 [1] に従って，中間形式の回路

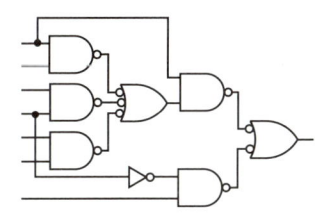

を作ります．それから，手順 [2] を行ってゲート ⊃) や ⊃) を ⊐○ に置き換え，NAND ゲートのみから成る回路

32　第 3 章　論理ゲートの紹介

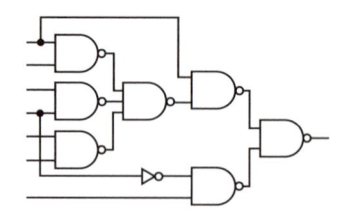

を作ります．これで，完成です．

■ **注意点など**　変換の際の注意点やありがちな間違いなどを，列挙しておきましょう．

- 例 3.3 で見たように，「入力が三つ (3 入力)」や「入力が四つ (4 入力)」のゲートもあります．ただし，電気的制約があって，5 入力以上は使わないようです．
- ときどき，

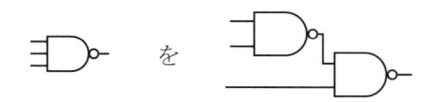

に展開 (?) してしまう人がいますが，それは誤りです．以下の点には，よく注意しましょう．　⬇ 章末例題 3.2 (p.33) も参照

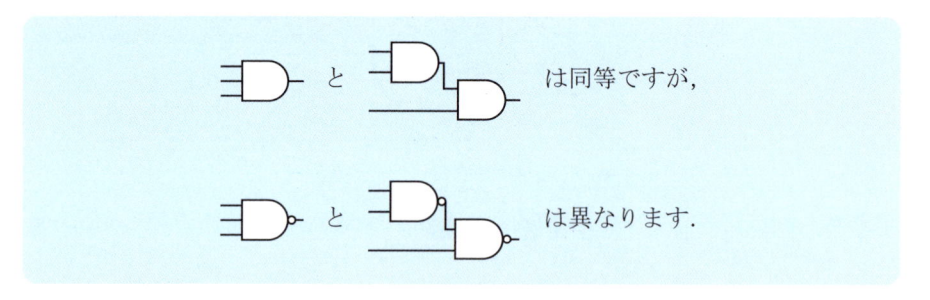

　　　　　と　　　　　　は同等ですが，

　　　　　と　　　　　　は異なります．

- 例 3.2 でも説明しましたように，「二重否定」は，何もないのと同じです ($\overline{\overline{P}} = P$)．回路図で描くと，

　　　　　＝

ということです．これをうまく使って，NOT の数を調整しましょう．回路の中に「つじつまが合うように」わざと NOT を挿入することもあります．次の例を見て，勘をつかみましょう．

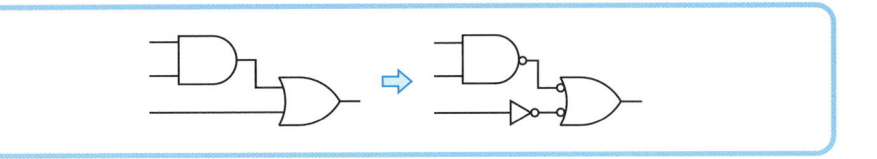

この例では，AND ゲートの出力に NOT を表す「まる」をつけていますが，このとき，配線でつながれている OR ゲートの上側の入力にも「まる」をつける必要があります．OR ゲートのすべての入力部分に「まる」がついた形にしないといけないので，OR ゲートの下側の入力にも「まる」をつける必要がありますが，下側の入力には対応する AND ゲートなどがありません．こうしたとき，NOT ゲートを意図的に挿入して，つじつまを合わせます．

## 章 末 例 題

3.1 (**回路図から論理式へ**)　次の回路図が表す論理式は何か答えなさい．

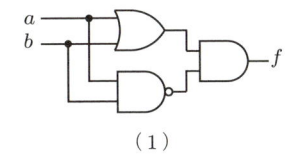

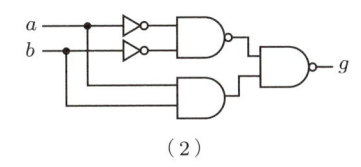

（1）　　　　　　　　　　　　（2）

**解**　次の論理式が得られる．
(1) $f = (a+b) \cdot \overline{(a \cdot b)}$
(2) $g = \overline{\overline{(\overline{a} \cdot \overline{b})} \cdot (a \cdot b)}$

3.2 (**同等な回路，同等でない回路**)　以下の問いに答えなさい．
(1) 次の (a) の回路は論理式 $A \cdot (B \cdot C)$ に，次の (b) の回路は論理式 $(A \cdot B) \cdot C$ に対応します．これらの回路が同等であることを，真理値表を用いて示しなさい．

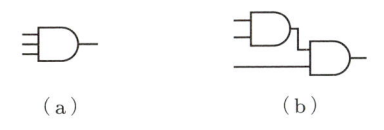

（a）　　　　　　　（b）

(2) 次の (a) の回路は論理式 $\overline{A \cdot (B \cdot C)}$ に，次の (b) の回路は論理式 $\overline{(A \cdot B) \cdot C}$ に対応します．これらの回路が異なることを，真理値表で示しなさい．

(a)　　　　　　(b)

**解** (1) 以下の真理値表より，論理式 $A \cdot (B \cdot C)$ と $(A \cdot B) \cdot C$ は同等である．

| $A$ | $B$ | $C$ | $B \cdot C$ | $A \cdot (B \cdot C)$ | $A \cdot B$ | $(A \cdot B) \cdot C$ |
|---|---|---|---|---|---|---|
| 1 | 1 | 1 | 1 | **1** | 1 | **1** |
| 1 | 1 | 0 | 0 | **0** | 1 | **0** |
| 1 | 0 | 1 | 0 | **0** | 0 | **0** |
| 1 | 0 | 0 | 0 | **0** | 0 | **0** |
| 0 | 1 | 1 | 1 | **0** | 0 | **0** |
| 0 | 1 | 0 | 0 | **0** | 0 | **0** |
| 0 | 0 | 1 | 0 | **0** | 0 | **0** |
| 0 | 0 | 0 | 0 | **0** | 0 | **0** |

(2) 以下の真理値表より，論理式 $\overline{A \cdot (B \cdot C)}$ と $\overline{(A \cdot B)} \cdot C$ は異なる．

| $A$ | $B$ | $C$ | $B \cdot C$ | $A \cdot (B \cdot C)$ | $\overline{A \cdot (B \cdot C)}$ | $A \cdot B$ | $\overline{A \cdot B}$ | $\overline{(A \cdot B)} \cdot C$ | $\overline{(A \cdot B) \cdot C}$ |
|---|---|---|---|---|---|---|---|---|---|
| 1 | 1 | 1 | 1 | 1 | **0** | 1 | 0 | 0 | **1** |
| 1 | 1 | 0 | 0 | 0 | **1** | 1 | 0 | 0 | **1** |
| 1 | 0 | 1 | 0 | 0 | **1** | 0 | 1 | 1 | **0** |
| 1 | 0 | 0 | 0 | 0 | **1** | 0 | 1 | 0 | **1** |
| 0 | 1 | 1 | 1 | 0 | **1** | 0 | 1 | 1 | **0** |
| 0 | 1 | 0 | 0 | 0 | **1** | 0 | 1 | 0 | **1** |
| 0 | 0 | 1 | 0 | 0 | **1** | 0 | 1 | 1 | **0** |
| 0 | 0 | 0 | 0 | 0 | **1** | 0 | 1 | 0 | **1** |

## 演 習 問 題

問 3.1 次の論理式を，論理ゲートを使って図示しなさい．

(1) $X = a + (b \cdot c)$
(2) $Y = \overline{a} + \overline{b}$
(3) $Z = \overline{(a + b)} \cdot c$

問 3.2 次の回路を NAND（と NOT）のみから成る回路に変換しなさい．

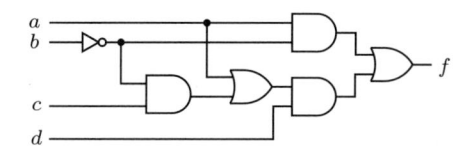

問 3.3　三つの入力 $a, b, c$ をもち，「$a$ が 1 のとき，または $b$ と $c$ のいずれか一方のみが 1 のときに，1 を出力する (そうでない場合は，0 を出力する)」という回路 $f$ を作りたい．

(1) $f$ を表す論理式を，$a, b, c$ を使って書きなさい (実は，排他的論理和 $\oplus$ を使うとシンプルに書けますが，今回はあえて $\oplus$ は使わずに書くものとします).

(2) $f$ を表す回路を描きなさい (3 入力の OR ゲートを使ってよいものとします).

(3) (2) で作った回路を，NAND と NOT のみからなる回路に変換しなさい．

# 第4章

# 回路の簡単化

どんな回路が，「よい」回路といえるでしょう？
- ゲート数が少ない，配線数が少ない (配線長が短い)
- 遅延が小さい (= 入力から出力までに通るゲート数が少ない)
- 消費電力が小さい

など，さまざまな条件が考えられます．実は，「カルノー図」という図式を用いて論理式の簡単化を行うことで，こうしたよい条件を満たす回路を作ることができます．本章と次章では，カルノー図による論理式の簡単化手法について，詳しく学びます．

## 4.1 カルノー図──2変数の場合

もっとも簡単な場合として，変数が2個しかない論理式「$x \cdot y + x \cdot \overline{y}$」を例に説明します．これは，掛け算の式 ($x \cdot y$ と $x \cdot \overline{y}$) を足し合わせた形の論理式ですが，**カルノー図**は，こうしたものを図で表現したものです．実は，論理式 $x \cdot y + x \cdot \overline{y}$ は図 4.1 のようなカルノー図に対応しています．

| $x$ \ $y$ | 0 | 1 |
|---|---|---|
| 0 |  |  |
| 1 | 1 | 1 |

図 4.1　$x \cdot y + x \cdot \overline{y}$ のカルノー図

この図を見ると，マス目があって，さらに数字や記号が書き込まれていることがわかります．一般には，2変数のカルノー図は図 4.2 の形をしていて，いくつかのマス目は「掛け算の形の論理式」に対応しています．$x \cdot y + x \cdot \overline{y}$ (図 4.1) の場合で確認してみますと，右下のマス目 ($x \cdot y$ の場所) と左下のマス目 ($x \cdot \overline{y}$ の場所) に「1」が書かれています．このように，対応する部分式のマス目に「1」を書き込めばよいのです．

## 4.1 カルノー図──2 変数の場合

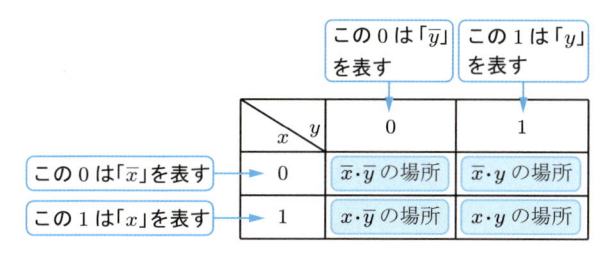

|   | y=0 | y=1 |
|---|---|---|
| x=0 | $\bar{x}\cdot\bar{y}$ の場所 | $\bar{x}\cdot y$ の場所 |
| x=1 | $x\cdot\bar{y}$ の場所 | $x\cdot y$ の場所 |

- この 0 は「$\bar{y}$」を表す
- この 1 は「$y$」を表す
- この 0 は「$\bar{x}$」を表す
- この 1 は「$x$」を表す

図 4.2　2 変数のカルノー図

さらに別の例を紹介すると，論理式 $x\cdot y + \bar{x}\cdot y$ なら

|   | y=0 | y=1 |
|---|---|---|
| x=0 |   | 1 ← $\bar{x}\cdot y$ |
| x=1 |   | 1 ← $x\cdot y$ |

が対応するカルノー図です．図の右下に二つの「1」が縦に並べて書き込まれており，上側の「1」が $\bar{x}\cdot y$ に，下側の「1」が $x\cdot y$ に，それぞれ対応しています．

カルノー図に手を加えていくことで，論理式を同等でより簡単なものに変換することができます．ここでは，論理式 $x\cdot y + x\cdot\bar{y}$ を例に，簡単化処理を行ってみましょう．具体的には，図 4.1 に対して，二つの 1 を囲んでみてください．

|   | y=0 | y=1 |
|---|---|---|
| x=0 |   |   |
| x=1 | 1 | 1 |

図 4.3　$x\cdot y + x\cdot\bar{y}$ のカルノー図 (簡単化のための囲みつき)

ここで，図 4.3 で囲んだ範囲を，じっくり見てみましょう．すると，
- 縦方向 ($x$ 方向) を見ると，「囲み」は $x=1$ のところに存在する
- 横方向 ($y$ 方向) については，$y=1$ と $y=0$ の両方に「囲み」がかかっている

ことが見てとれます．この「囲み」は，次のことを表しています．

(A) $x$ は，真 (1) である．
　　― 論理式で書くと，「$x$」
(B) 一方 $y$ は，真 (1) でも偽 (0) でも，どちらでもよい．
　　― 論理式で書くと，「$y+\bar{y}$」

つまり，式 $x \cdot (y + \overline{y})$ を表しているということです[*1]．ここで，論理式 $y + \overline{y}$ の真理値が常に真 (1) である (つまり，$y$ が 0 でも 1 でも，$y + \overline{y} = 1$ が成り立つ) ことに注意しながらこの式をさらに簡単化すると，

$$x \cdot (y + \overline{y}) = x \cdot 1 = x$$

となります．つまり結局，「囲み」の意味は $x$ だということになります．実は，最初の式 $x \cdot y + x \cdot \overline{y}$ と簡単化された式 $x$ は同等です (真理値表で確認できます ⇒ 章末例題 4.1 (p.45) も参照)．つまり，$x \cdot y + x \cdot \overline{y}$ を $x$ に簡単化できたのです．

## 4.2 簡単化の際の注意点・疑問点

カルノー図で論理式を簡単化する際の注意点や疑問点について，いくつか述べておきます．

■ **囲む「1」の個数に 決まりはあるの？**　2, 4, 8, 16 個単位で，囲ってください (大きく囲うのがコツ)．また，縦方向か横方向で囲ってください．ナナメには囲めません．

■ **上下・左右はつながっている**　図 4.4 のように囲ってもよい，ということです．

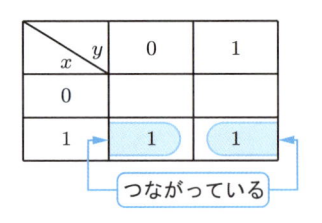

図 4.4　左右がつながっている例

2 変数 ($x$ と $y$) の場合よりも変数が増えてくると，こうした囲み方が有効になります．

■ **囲みが複数あったら？**　「$x \cdot y + x \cdot \overline{y} + \overline{x} \cdot \overline{y}$」のカルノー図は図 4.5 で，囲みが複数個あります．

図 4.5　$x \cdot y + x \cdot \overline{y} + \overline{x} \cdot \overline{y}$ のカルノー図

---

[*1] $x$ と $y + \overline{y}$ を論理積 (・) でつないでいるのは，(A) と (B) の両方が成り立つから．

こうした場合は，

すべての「囲みの式」を，論理和でつなげる

と覚えておきましょう．上記の場合，横長の囲みは「$x$」を，縦長の囲みは「$\overline{y}$」を表していますから，論理式「$x \cdot y + x \cdot \overline{y} + \overline{x} \cdot \overline{y}$」の簡単化は「$x + \overline{y}$」となります．

■ **囲みは重なってもよい？**　図 4.5 では，左下のマス目で二つの囲みが重なっていますが，まったく問題ありません．重なりは気にせず，その分大きく囲む，と考えましょう．

■ **「掛け算の和」でない論理式もあるのでは？**　たとえば，第 2 章の章末例題 2.4 の (2) に書いてある論理式「$A \cdot (B + C)$」は，明らかに「掛け算の和」の形をしていません．このような論理式は，いくらでもたくさんあります．

実はカルノー図は，「主加法標準形」とよばれる，「掛け算の和」の式のなかでも特別な形の論理式を表しています．もう少し詳しく述べると，

- 「変数」または「変数の否定」（$x, \overline{x}$ など）を **リテラル** とよぶ
- リテラルを掛け合わせた式（$x \cdot \overline{y}$ など）を **積項** とよぶ
- すべての変数を含むような積項を **最小項** とよぶ
- **主加法標準形** とは，最小項を足し合わせた形の論理式のこと

ということです．さらに，あらゆる論理式は主加法標準形に変換できます．たとえば，次のようにできます．

$A \cdot (B + C)$
　$= A \cdot B + A \cdot C$　　　　　　　　　　　(章末例題 2.4 の (2) より)
　$= A \cdot B \cdot (C + \overline{C}) + A \cdot C \cdot (B + \overline{B})$　　(章末例題 2.1 の (1) より)
　$= A \cdot B \cdot C + A \cdot B \cdot \overline{C} + A \cdot C \cdot B + A \cdot C \cdot \overline{B}$　(章末例題 2.4 の (2) より)
　$= A \cdot B \cdot C + A \cdot B \cdot \overline{C} + A \cdot \overline{B} \cdot C$
　　　　　　　　　　　(得られた主加法標準形 (p.22 の問 2.2 (1) より))

そのため，本章では扱う論理式を主加法標準形に限定して，話を進めています．

→ 章末例題 4.2 (p.46) も参照

■ **囲みから式を導く方法の簡単な考え方は？**　先の図 4.3 では，

- $x$ 方向の囲みは $x = 1$ のところに存在
- $y$ 方向は，$y = 1$ と $y = 0$ の両方に囲み

## 第4章 回路の簡単化

から式 $x \cdot (y + \overline{y})$ を導き，さらに式変形を行って「$x$」を導きました．しかし，毎回式変形を行うのは面倒です．以下では，もう少し直接的に求める考え方を紹介します．

まず，各変数 (以下では説明の便宜上，変数 $a$ とします) に関して，注目する囲みがどの場所に描かれているかを見てください．そして，

- その囲みが $a = 1$ のところにのみ存在するなら，「$a$」を書く
- その囲みが $a = 0$ のところにのみ存在するなら，「$\overline{a}$」を書く
- 囲みが $a = 0$ と $a = 1$ の両方にかかっているなら，その変数名は書かない

と考えましょう．各変数に対して上記の考え方を適用し，書くべきリテラルをすべて掛け合わせれば，囲みの表す積項が求められます．

たとえば，図 4.3 の囲みは，$x = 1$ の場所にあるので「$x$」を書き，さらにこの囲みは $y = 0$ と $y = 1$ にまたがって存在するので変数 $y$ は書かない，ということです．これより，囲みが表すのは「$x$」ということになります．同様に，図 4.5 の場合では，

- 横長の囲み：変数 $x$ については，囲みは 1 のみにかかっているので「$x$」を書く．一方 $y$ 方向は，0 と 1 の両方にかかっているので，変数 $y$ は書かない．よって，横長の囲みが表す式は「$x$」．
- 縦長の囲み：変数 $x$ は 0 と 1 の両方にかかっているので書かない．$y$ 方向は，囲みは 0 の場所のみだから「$\overline{y}$」を書く．よって，縦長の囲みが表す式は「$\overline{y}$」．

となります (上記より求めた式を論理和でつなぎ，「$x + \overline{y}$」を求めます．図 4.6 も参照してください).

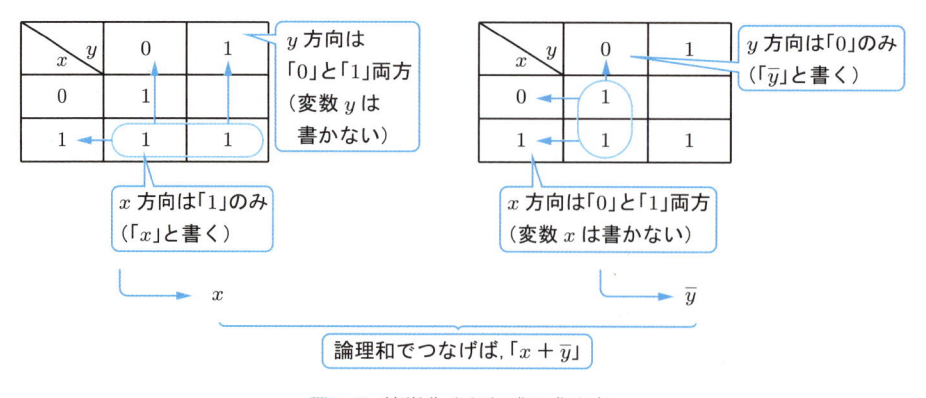

図 4.6 簡単化された式の求め方

いまは 2 変数の場合で説明しているので，囲みに対応する式は必ずリテラルになり，いわゆる「掛け算の形」は出てきません．しかし，3 変数 (4.4 節以降) や 4 変数 (第 5 章) になると，掛け算の形も出てきます．変数が増えても考え方は同じです．

## 4.3　例題 (2 変数の場合)

二つの論理式 $xy + \overline{x}y$ および $xy + \overline{x}\overline{y}$ を，カルノー図で簡単化してみましょう[*1]．

まず，$xy + \overline{x}y$ の場合です．カルノー図を描いて，適切な場所に「1」を入れましょう．それから，囲みを加えましょう．次の図が得られると思います．

| x \ y | 0 | 1 |
|---|---|---|
| 0 |  | 1 |
| 1 |  | 1 |

これより，論理式 $xy + \overline{x}y$ は $y$ に簡単化されます (変数 $x$ については囲みが 0 と 1 の両方にかかっているので書かず，一方で変数 $y$ については 1 のところにのみ存在するので「$y$」を書く)．

次に，$xy + \overline{x}\overline{y}$ の場合です．

| x \ y | 0 | 1 |
|---|---|---|
| 0 | 1 |  |
| 1 |  | 1 |

今回は上記のように「1」が互い違いに配置されました．こうした場合，ナナメには囲めませんし，2×2 の大きさで囲むこともできません (空欄のマス目を囲ってはならない)．よって，$xy + \overline{x}\overline{y}$ は簡単化されない，ということになります．一般には，このように簡単化できない論理式も存在します．ただし，実は論理式 $xy + \overline{x}\overline{y}$ は，排他的論理和を使った式 $\overline{x \oplus y}$ と同等です (🔗 章末例題 4.3 (p.46) も参照)．そのため，排他的論理和のゲートを使ってよいのであれば，$xy + \overline{x}\overline{y}$ を $\overline{x \oplus y}$ に簡単化する方法も考えられるでしょう．

---

[*1] $xy$ は $x \cdot y$ と同じ意味です．これ以降は，計算過程をわかりやすく示す場合を除いて，おもに「$xy$」の形で表します．

## 4.4　カルノー図 ── 3 変数の場合

これまでは話の簡単化のために「2 変数の場合」で説明してきましたが，3 変数の場合も紹介しておきます．カルノー図は，一般に，図 4.7 のような形をしています．

| $x$ \ $y z$ | 0 0 | 0 1 | 1 1 | 1 0 |
|---|---|---|---|---|
| 0 | $\bar{x}\bar{y}\bar{z}$ | $\bar{x}\bar{y}z$ | $\bar{x}yz$ | $\bar{x}y\bar{z}$ |
| 1 | $x\bar{y}\bar{z}$ | $x\bar{y}z$ | $xyz$ | $xy\bar{z}$ |

図 4.7　3 変数のカルノー図

今回は，縦方向に $x$，横方向に $y$ と $z$ を，それぞれとっています．変数が 3 個になったので，論理式に対応するマス目は 8 個 ($2^3$ 個) になりました．

ほとんど 2 変数のときと考え方は同じですが，一つだけ注意点があります．横方向に「00」「01」「11」「10」とありますが，その配置の仕方です．隣り合うマス目[*1]では，

1 箇所だけ，ゼロイチが異なる

ように，ゼロイチを書いていってください．つまり，

- OK：「00」「01」「11」「10」
- OK：「00」「10」「11」「01」
- NG：「00」「01」「10」「11」

　　（「01」と「10」では，左側のビットと右側のビット，2 箇所が異なっている）

のような感じです．これを間違えると，正しい簡単化ができませんから，注意しましょう．一方，上記の注意を守っていれば，必ずしも図 4.7 とまったく同じゼロイチの配置でなくてもかまいません．

## 4.5　論理式の簡単化 (3 変数の場合)

ここでは，3 変数の場合での簡単化の例を，二つ示します．

> **例 4.1**　$\bar{x}\bar{y}\bar{z} + \bar{x}yz + \bar{x}y\bar{z} + x\bar{y}\bar{z} + x\bar{y}z$ を簡単化しなさい．

---

[*1]　右端と左端が隣り合っていることも，忘れずに！

## 4.5 論理式の簡単化 (3変数の場合)

まず, 図 4.7 の $\overline{x}\overline{y}\overline{z}$, $\overline{x}yz$, ... を表す各マス目に, 1 を書き込みましょう.

| $x$ \ $y$ $z$ | 0 0 | 0 1 | 1 1 | 1 0 |
|---|---|---|---|---|
| 0 | 1 |   | 1 | 1 |
| 1 | 1 | 1 |   |   |

次に,「2, 4, 8, 16 個単位で」囲みを作ります. 今回はマス目が 8 個しかないので, 実質的には「2, 4, 8 個単位で」となります. ただし今回に関しては, 4 個単位, 8 個単位で囲むことはできません. 2 変数のときにはあまり気にならなかったかもしれませんが, 空欄のマス目はけっして囲ってはならないからです. そこで, 大きさ 2 で囲えるマス目を探してみます. すると, たとえば次のように囲めることに気づきます.

| $x$ \ $y$ $z$ | 0 0 | 0 1 | 1 1 | 1 0 |
|---|---|---|---|---|
| 0 | 1 |   | 1 | 1 |
| 1 | 1 | 1 |   |   |

さらに残りの三つの「1」についても, 縦長・横長の二つの囲みを使って囲めばよいので,

| $x$ \ $y$ $z$ | 0 0 | 0 1 | 1 1 | 1 0 |
|---|---|---|---|---|
| 0 | 1 ←① |   | 1 | 1 |
| 1 | 1 | 1 ←② |   | ③ |

となります. このように, すべての「1」を囲み, かつ, 空白のマス目を含まないようにしてください.

さて次に, 2 変数のときと同様に, 論理式の簡単化について考えてみましょう. この例では, 縦長の囲みが一つ (①), 横長の囲みが二つ (②と③) あります. まず, ①の縦長の囲みに注目してみますと,

- 変数 $x$ (縦方向) については, 囲みは $x=0$ と $x=1$ の両方にかかっている
- 変数 $y$ (横方向) については, 囲みは $y=0$ のところに存在する
- 変数 $z$ (これも横方向) については, 囲みは $z=0$ のところに存在する

## 第 4 章　回路の簡単化

となっています．つまり，縦長の囲みは

> (A) $x$ は，真 (1) でも偽 (0) でも，どちらでもよい (論理式 $x + \overline{x}$ に対応)．
> (B) $y$ は，偽 (0) である (論理式 $\overline{y}$ に対応)．
> (C) $z$ は，偽 (0) である (論理式 $\overline{z}$ に対応)．

を表しています．これら (A)(B)(C) の条件が同時に成り立つので，縦長の囲みに対応する論理式は「$((x + \overline{x}) \cdot \overline{y}) \cdot \overline{z}$」である，ということです．さらにこれを簡単化していけば

$$((x + \overline{x}) \cdot \overline{y}) \cdot \overline{z} = (1 \cdot \overline{y}) \cdot \overline{z}$$
$$= \overline{y} \cdot \overline{z}$$

となりますから，縦長の囲みは「$\overline{y}\,\overline{z}$」に対応するといえます．なお，上記では式変形の根拠も含めてきちんと説明しましたが，4.2 節で述べた「囲みから式を導く方法の簡単な考え方」を 3 変数の場合に適用して，

- 変数 $x$：囲みは 0 と 1 の両方にまたがって存在するので，変数 $x$ は書かない
- 変数 $y$：囲みは「$y = 0$」の場所に存在するので，「$\overline{y}$」を書く
- 変数 $z$：囲みは「$z = 0$」の場所に存在するので，「$\overline{z}$」を書く

と考えて，式「$\overline{y}\,\overline{z}$」を導いてもかまいません．

横長の囲みも，同様に考えてみましょう．それぞれの囲みは

- 横長の囲み ②：$x\overline{y}$
- 横長の囲み ③：$\overline{x}y$

を表しています．以上の式を論理和でつなげれば，もとの式

$$\overline{x}\,\overline{y}\,\overline{z} + \overline{x}\,yz + \overline{x}y\overline{z} + x\overline{y}\,\overline{z} + x\overline{y}z$$

を簡単化した結果「$\overline{y}\,\overline{z} + x\overline{y} + \overline{x}y$」が得られます．

> 例 4.2　$\overline{x}\,\overline{y}\,\overline{z} + \overline{x}\,yz + \overline{x}y\overline{z} + x\overline{y}\,\overline{z} + x\overline{y}z + xy\overline{z}$ を簡単化しなさい．

カルノー図は，次のようになります．

| x\\yz | 00 | 01 | 11 | 10 |
|---|---|---|---|---|
| 0 | 1 | ① ③ 1 | 1 | 1 |
| 1 | 1 | 1 | ② ① 1 | 1 |

ここでのポイントは「$2 \times 2$ の囲み (①)」を使うことです (表の左右がつながっているので, このような囲み方が可能です). できるだけ大きく囲むのが, 基本的な方針です ( ➡ 章末例題 4.4 (p.46) も参照). それぞれの囲みがどんな論理式を表しているか, 考えてみましょう. 以下のようになります.

- $2 \times 2$ の囲み ①：$\overline{z}$
  - 変数 $x$：囲みは 0 と 1 の両方にまたがって存在するので, $x$ は書かない
  - 変数 $y$：囲みは 0 と 1 の両方にまたがって存在するので, $y$ は書かない
  - 変数 $z$：囲みは「$z=0$」の場所に存在するので,「$\overline{z}$」を書く (補足：変数 $z$ について, この囲みは複数のマス目にまたがって存在していますが, いずれのマス目も「$z=0$」の場所なので, ここは「$\overline{z}$」を書きます)
- 横長の囲み ②：$x\overline{y}$
  - 変数 $x$：囲みは「$x=1$」の場所に存在するので,「$x$」を書く
  - 変数 $y$：囲みは「$y=0$」の場所に存在するので,「$\overline{y}$」を書く
  - 変数 $z$：囲みは 0 と 1 の両方にまたがって存在するので, $z$ は書かない
- 横長の囲み ③：$\overline{x}y$
  - 変数 $x$：囲みは「$x=0$」の場所に存在するので,「$\overline{x}$」を書く
  - 変数 $y$：囲みは「$y=1$」の場所に存在するので,「$y$」を書く
  - 変数 $z$：囲みは 0 と 1 の両方にまたがって存在するので, $z$ は書かない

以上の式を論理和でつなぐと, 簡単化の結果「$\overline{z} + x\overline{y} + \overline{x}y$」が得られます.

## 章 末 例 題

**4.1** (**簡単化処理の妥当性**) 4.1 節で扱った 2 変数の論理式 $x \cdot y + x \cdot \overline{y}$ は, 簡単化した結果 $x$ と同等です. このことを, 真理値表を書いて確かめなさい.

**解** 下記の真理値表より, 論理式 $x \cdot y + x \cdot \overline{y}$ とその簡単化した結果 $x$ は同等.

| $x$ | $y$ | $x \cdot y$ | $\overline{y}$ | $x \cdot \overline{y}$ | $x \cdot y + x \cdot \overline{y}$ |
|---|---|---|---|---|---|
| **1** | 1 | 1 | 0 | 0 | **1** |
| **1** | 0 | 0 | 1 | 1 | **1** |
| **0** | 1 | 0 | 0 | 0 | **0** |
| **0** | 0 | 0 | 1 | 0 | **0** |

**4.2 (主加法標準形でない論理式)** （三つの変数 $x$, $y$ および $z$ から成る）論理式

$$xy + yz + \overline{x}z$$

は，主加法標準形になっていない（たとえば積項 $xy$ は，変数 $z$ が現れていないので最小項ではない）．しかし，この論理式の各積項に，第 2 章の章末例題 2.1 の (1) ($A = A \cdot (B + \overline{B})$) や章末例題 2.4 の (2) ($A \cdot (B + C) = A \cdot B + A \cdot C$) の結果を適用すれば，つまり，これらの等式を使って積項を

$$xy = xy(z + \overline{z}) = xyz + xy\overline{z}$$

のようにして最小項の和の形になるまで変形を続けていけば，最終的に主加法標準形を得ることができる．この式変形をやってみなさい．

**解** 各積項は

$$\begin{cases} xy = xy(z+\overline{z}) = xyz + xy\overline{z} \\ yz = (x+\overline{x})yz = xyz + \overline{x}yz \\ \overline{x}z = \overline{x}(y+\overline{y})z = (\overline{x}y + \overline{x}\,\overline{y})z = \overline{x}yz + \overline{x}\,\overline{y}z \end{cases}$$

とできる．これより，主加法標準形

$$xy + yz + \overline{x}z = (xyz + xy\overline{z}) + (xyz + \overline{x}yz) + (\overline{x}yz + \overline{x}\,\overline{y}z)$$
$$= xyz + xy\overline{z} + \overline{x}yz + \overline{x}\,\overline{y}z$$

が得られる．

**4.3 (排他的論理和との同等性)** 真理値表を書いて，論理式 $xy + \overline{x}\,\overline{y}$ と排他的論理和を使った式 $\overline{x \oplus y}$ が同等であることを確かめなさい．

**解** 下記の真理値表より，$xy + \overline{x}\,\overline{y}$ と $\overline{x \oplus y}$ は同等．

| $x$ | $y$ | $xy$ | $\overline{x}$ | $\overline{y}$ | $\overline{x}\,\overline{y}$ | $xy + \overline{x}\,\overline{y}$ | $x \oplus y$ | $\overline{x \oplus y}$ |
|---|---|---|---|---|---|---|---|---|
| 1 | 1 | 1 | 0 | 0 | 0 | **1** | 0 | **1** |
| 1 | 0 | 0 | 0 | 1 | 0 | **0** | 1 | **0** |
| 0 | 1 | 0 | 1 | 0 | 0 | **0** | 1 | **0** |
| 0 | 0 | 0 | 1 | 1 | 1 | **1** | 0 | **1** |

**4.4 (小さく囲んだら？)** 例 4.2 では $2 \times 2$ の大きな囲みを使って簡単化を行った．もしも

$2 \times 2$ の囲みを使わず，下の図のように小さい囲みの組み合わせ ($1 \times 2$ の大きさの縦長の囲みを二つ使っている) で簡単化処理を行ったらどのような論理式が得られるか．実際に簡単化処理を行い，大きく囲ったときとの違いを確認しなさい．

| x\\yz | 00 | 01 | 11 | 10 |
|---|---|---|---|---|
| 0 |  1  |    |  1  |  1  |
| 1 |  1  |  1  |    |  1  |

**解** この例題で示す小さい囲みを使った場合，簡単化の結果は

$$\overline{y}\,\overline{z} + y\overline{z} + x\overline{y} + \overline{x}y$$

である．明らかに，例 4.2 の結果 (つまり，大きな囲みを使った場合の結果)

$$\overline{z} + x\overline{y} + \overline{x}y$$

のほうが，式としてはより簡単である．

4.5 (**主加法標準形でない論理式の簡単化**)　章末例題 4.2 の論理式を，カルノー図を用いて簡単化しなさい．

**解**　章末例題 4.2 の論理式 $xy + yz + \overline{x}z$ を主加法標準形にすると，

$$xyz + xy\overline{z} + \overline{x}yz + \overline{x}\,\overline{y}z$$

である．これより，次のカルノー図が描ける．

| x\\yz | 00 | 01 | 11 | 10 |
|---|---|---|---|---|
| 0 |  |  1  |  1  |  |
| 1 |  |    |  1  |  1  |

これより，簡単化された論理式は，

$$xy + \overline{x}z$$

である．

## 演習問題

**問 4.1** 論理式

$$\overline{x}\,\overline{y}\,\overline{z} + x\overline{y}z + xyz + \overline{x}y\overline{z}$$

を，簡単化しなさい．なお，ヒントとして，「囲み」を描く直前の状態のカルノー図を以下に示す．

| x \ yz | 00 | 01 | 11 | 10 |
|---|---|---|---|---|
| 0 | 1 |   |   | 1 |
| 1 |   | 1 | 1 |   |

**問 4.2** 論理式

$$\overline{x}\,\overline{y}\,\overline{z} + x\overline{y}\,\overline{z} + x\overline{y}z + xyz + \overline{x}y\overline{z} + xy\overline{z}$$

を，簡単化しなさい．下の図は，「囲み」を描く直前の状態のカルノー図である．

ヒント：$2 \times 2$ の囲みと $4 \times 1$ の囲みを使う．

| x \ yz | 00 | 01 | 11 | 10 |
|---|---|---|---|---|
| 0 | 1 |   |   | 1 |
| 1 | 1 | 1 | 1 | 1 |

**問 4.3** カルノー図を描いて，論理式

$$xyz + \overline{x}yz + x\overline{y}z + xy\overline{z}$$

を簡単化しなさい．ちなみに，この論理式は，入力 $x$, $y$, $z$ の入力を1票と考えたとき (1 = 賛成，0 = 反対) の「多数決」の結果を返します．

# 第5章

# 回路の簡単化——発展編

　本章では，前章の場合 (2 変数と 3 変数) よりも変数を一つ増やして，4 変数の場合を学びましょう．前章で明確には述べませんでしたが，カルノー図の各マス目の中身 (1 もしくは空欄) は最小項の真偽を表しています．また，「どのマス目も必ず真 (1) か偽 (空欄) に決まっている」と仮定して話を進めました．しかし，もし真偽を確定しないマス目 (ドントケア項) を許すなら，それを使って，論理式をさらに簡単化できます．本章では，この「ドントケア項」についても学びます．

## 5.1　カルノー図——4 変数の場合

　4 変数の場合のカルノー図の一般形を，図 5.1 に示します．縦方向に $x$ と $y$ を，横方向に $z$ と $w$ をとっています．

| $x$ $y$ \ $z$ $w$ | 0 0 | 0 1 | 1 1 | 1 0 |
|---|---|---|---|---|
| 0　0 | $\bar{x}\bar{y}\bar{z}\bar{w}$ | $\bar{x}\bar{y}\bar{z}w$ | $\bar{x}\bar{y}zw$ | $\bar{x}\bar{y}z\bar{w}$ |
| 0　1 | $\bar{x}y\bar{z}\bar{w}$ | $\bar{x}y\bar{z}w$ | $\bar{x}yzw$ | $\bar{x}yz\bar{w}$ |
| 1　1 | $xy\bar{z}\bar{w}$ | $xy\bar{z}w$ | $xyzw$ | $xyz\bar{w}$ |
| 1　0 | $x\bar{y}\bar{z}\bar{w}$ | $x\bar{y}\bar{z}w$ | $x\bar{y}zw$ | $x\bar{y}z\bar{w}$ |

図 5.1　4 変数のカルノー図

　変数が 4 個になったので，論理式に対応するマス目は 16 個 ($2^4$ 個) になっています．

　4 変数になっても，基本的な考え方は変わりません．適切なマス目に「1」を書き込んで，それらを囲ってやればよいのです．もちろん，以下の注意点も，3 変数までの場合と同じです．

# 第 5 章　回路の簡単化 —— 発展編

- 囲む「1」の個数は，2, 4, 8, 16 個単位．大きく囲う．ナナメには囲めない．
- カルノー図の上下・左右はつながっている．
- 囲みが複数あったら，それぞれの囲みの表す論理式を「+ (論理和)」でつなぐ．
- 図中の「00」「01」「11」「10」の配置については，隣り合うマス目でゼロイチが 1 箇所だけ異なるようにする．

さて，まず最初に簡単な例として，カルノー図

| $x\ y$ \ $z\ w$ | 0 0 | 0 1 | 1 1 | 1 0 |
|---|---|---|---|---|
| 0 0 | 1 | 1 | 1 |  |
| 0 1 | 1 | 1 | 1 |  |
| 1 1 |  |  |  |  |
| 1 0 |  |  |  |  |

の場合で論理式を簡単化してみましょう．このカルノー図を見ると，6 箇所に「1」が書かれています．これらの「1」は，

$\overline{x}\,\overline{y}\,\overline{z}\,\overline{w}$ (上段左の「1」)，　$\overline{x}\,\overline{y}\,\overline{z}\,w$ (上段中央)，　$\overline{x}\,\overline{y}\,z\,w$ (上段右)，

$\overline{x}\,y\,\overline{z}\,\overline{w}$ (下段左)，　$\overline{x}\,y\,\overline{z}\,w$ (下段中央)，および $\overline{x}\,y\,z\,w$ (下段右)

の場所にありますから，このカルノー図は論理式 $\overline{x}\,\overline{y}\,\overline{z}\,\overline{w}+\overline{x}\,\overline{y}\,\overline{z}\,w+\overline{x}\,\overline{y}\,z\,w+\overline{x}\,y\,\overline{z}\,\overline{w}+\overline{x}\,y\,\overline{z}\,w+\overline{x}\,y\,z\,w$ に対応しています．ここで，カルノー図に「囲み」を描き加えてみますと，以下のようになります．

| $x\ y$ \ $z\ w$ | 0 0 | 0 1 | 1 1 | 1 0 |
|---|---|---|---|---|
| 0 0 | 1 | 1 | 1 |  |
| 0 1 | 1 | 1 | 1 |  |
| 1 1 | ① |  | ② |  |
| 1 0 |  |  |  |  |

大きく囲みたいので，今回は 2 × 2 の大きさの囲みを二つ使いました．ただ，

などの囲みも可能では，と思う人もいるかもしれません．しかし，このように小さく囲むと，第 4 章の章末例題 4.4 のときと同じように，十分に簡単な式が求められません．原則，大きく囲むようにしましょう．

さて，左側にある囲み ① ですが，

- 変数 $x$ (縦方向) については，囲みは $x = 0$ のところに存在する
    - → 「$\overline{x}$」と書く
- 変数 $y$ (これも縦方向) は，囲みは $y = 0$ と $y = 1$ の両方にかかっている
    - → 変数 $y$ は書かない
- 変数 $z$ (横方向) については，囲みは $z = 0$ のところに存在する
    - → 「$\overline{z}$」と書く
- 変数 $w$ (これも横方向) は，囲みは $w = 0$ と $w = 1$ の両方にかかっている
    - → 変数 $w$ は書かない

という条件を満たすので，論理式 $\overline{x}\,\overline{z}$ を表すことがわかります．また同様に考えれば，囲み ② は $\overline{x}w$ を表します．以上より，簡単化された式 $\overline{x}\,\overline{z} + \overline{x}w$ が得られます．

## 5.2 囲み方に関する注意点

繰り返し確認しますが，「2, 4, 8, 16 個単位」で「できるだけ大きく囲う」ようにしましょう．たとえば，

のような囲み方は，9 マスですのでダメです．正しくは，$2 \times 2$ の囲みを四つ使って，

第 5 章　回路の簡単化——発展編

| $x \backslash y$ $z \atop w$ | 0 0 | 0 1 | 1 1 | 1 0 |
|---|---|---|---|---|
| 0  0 |  | 1 | 1 | 1 |
| 0  1 | 1 | 1 | 1 |  |
| 1  1 | 1 | 1 | 1 |  |
| 1  0 |  |  |  |  |

のように囲みましょう．この図の四つの囲みは，$\bar{x}\bar{z}$ (左上の囲み)，$\bar{x}w$ (右上)，$y\bar{z}$ (左下)，および $yw$ (右下) を表すので，簡単化された論理式は $\bar{x}\bar{z}+\bar{x}w+y\bar{z}+yw$ です．

　もう一つ，注意が必要となる例を紹介します．次のカルノー図を考えてみましょう．

| $x \backslash y$ $z \atop w$ | 0 0 | 0 1 | 1 1 | 1 0 |
|---|---|---|---|---|
| 0  0 |  | 1 |  |  |
| 0  1 |  | 1 | 1 | 1 |
| 1  1 | 1 | 1 | 1 |  |
| 1  0 |  |  | 1 |  |

簡単化の際に「できるだけ大きく囲う」という基準をもとにして考えますと，$2 \times 2$ の大きさの囲みを使って，真ん中の部分を

| $x \backslash y$ $z \atop w$ | 0 0 | 0 1 | 1 1 | 1 0 |
|---|---|---|---|---|
| 0  0 |  | 1 |  |  |
| 0  1 |  | 1 | 1 | 1 |
| 1  1 | 1 | 1 | 1 |  |
| 1  0 |  |  | 1 |  |

と囲めるような気がします．さらに，上下左右にはみ出した 4 箇所の「1」を囲うために $1 \times 2$ または $2 \times 1$ の大きさの囲みを使うと，

| $x\ y$ \ $z\ w$ | 0 0 | 0 1 | 1 1 | 1 0 |
|---|---|---|---|---|
| 0 0 |  | 1 |  |  |
| 0 1 |  | 1 | 1 | 1 |
| 1 1 | 1 | 1 | 1 |  |
| 1 0 |  |  | 1 |  |

となり，これら 5 個の囲みから，簡単化された論理式は $\overline{x}\,\overline{z}w + xy\overline{z} + \overline{x}yz + xzw + yw$ となる... でも，これは本当でしょうか？ 実は，よくよくこのカルノー図を眺めてみますと，最初に描いた $2 \times 2$ の囲みが不必要であることに気づきます．実際，上の図から $2 \times 2$ の大きさの囲みを外してみても

| $x\ y$ \ $z\ w$ | 0 0 | 0 1 | 1 1 | 1 0 |
|---|---|---|---|---|
| 0 0 |  | 1 |  |  |
| 0 1 |  | 1 | 1 | 1 |
| 1 1 | 1 | 1 | 1 |  |
| 1 0 |  |  | 1 |  |

となって，それでもまだ，すべての「1」を余すことなく囲めています．つまり，最初の $2 \times 2$ の囲み (論理式「$yw$」に対応) はなくてもよかったということで，真の意味での簡単化された式は

$$\overline{x}\,\overline{z}w + xy\overline{z} + \overline{x}yz + xzw$$

ということです．このような，外して考えるべき「不必要な囲み」が出てくる場合があります．囲みを描いたあとで，この点を確認する癖をつけるとよいでしょう．

→ 章末例題 5.1(p.56)，5.2 (p.57) も参照

## 5.3 ドントケア項

論理回路を設計していると，「この積項[*1] は，真でも偽でも，どちらでもよい」という場面が出てきます．このような積項は**ドントケア項**とよばれ，うまく使うと，論

---

[*1] 積項とは，「リテラル (変数または変数の否定) を掛け合わせた形の式」のことでした．

## 第 5 章 回路の簡単化——発展編

理式のさらなる簡単化に役立ちます．

まずは 3 変数 $(x,y,z)$ の場合で，基本的な考え方を紹介します．たとえば，次の条件を満たす論理式を，カルノー図で描いてみます．

- 真 (1) となるのは，$(x,y,z)$ が $(0,0,0)$, $(0,1,0)$, または $(1,0,0)$ のとき．
- 偽 (空欄) となるのは，$(0,0,1)$, $(1,0,1)$, または $(1,1,1)$ のとき．
- 上記以外，すなわち，$(0,1,1)$ または $(1,1,0)$ のどちらかの場合は，論理式は真でも偽でも，どちらでもよいとする (つまり，ドントケア項)．

ただし，以下の図において，ドントケア項は「$X$」で表すことにします．

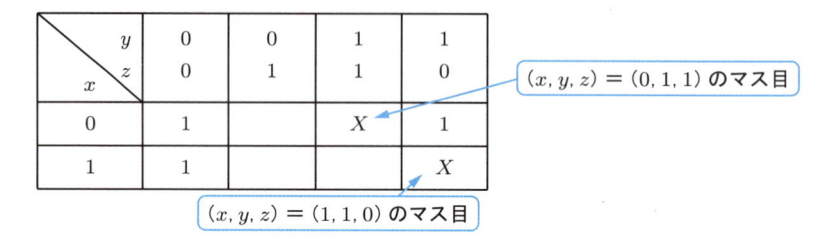

| y\z \ x | 00 | 01 | 11 | 10 |
|---|---|---|---|---|
| 0 | 1 |   | X | 1 |
| 1 | 1 |   |   | X |

$(x,y,z)=(0,1,1)$ のマス目

$(x,y,z)=(1,1,0)$ のマス目

このようなドントケア項のあるカルノー図に対して「囲み」を作る際には，ドントケア項 ($X$ の部分) を，「真 (1)」または「偽 (空欄)」のどちらかに解釈します．ドントケア項は「真でも偽でも，どちらでもかまわない」ということでしたから，自分の都合のいいように解釈してかまいません．たとえば，

- 左上の $X$：偽 (空欄) だと思う
- 右下の $X$：真 (1) だと思う

と解釈すると，もっとも大きく囲えそうです．やってみましょう．

| y\z \ x | 00 | 01 | 11 | 10 |
|---|---|---|---|---|
| 0 | 1 |   | X | 1 |
| 1 | 1 |   |   | X |

「空欄」だと思っている

「1」だと思っている

繰り返しになりますが，右下の $X$ は「真 (1)」と解釈するので，囲みに含めます．一方，左上の $X$ は「偽 (空欄)」と解釈しますから，囲みには含めません．こうすると，$2 \times 2$ の大きさの囲みが適用できます．その結果，簡単化された式 $\overline{z}$ が得られます．

5.3 ドントケア項

ところで，もしドントケア項を考えないとしたら，どうなるでしょうか．ためしに，ドントケア項のところをすべて「偽 (空欄)」とみなすと，カルノー図は

| $x$ \ $yz$ | 00 | 01 | 11 | 10 |
|---|---|---|---|---|
| 0 | 1 |  |  | 1 |
| 1 | 1 |  |  |  |

となります．さらに簡単化を試みると式 $\overline{y}\,\overline{z} + \overline{x}\,\overline{z}$ が得られますが，これはドントケア項を使ったとき ($\overline{z}$) よりも明らかに複雑な論理式です．この例を見れば，ドントケア項の有用性が理解できることでしょう．　→ 章末例題 5.3 (p.58) も参照

次に，4 変数 $(x, y, z, w)$ の場合も考えてみましょう．例として，条件

- 論理式が真 (1) となるのは，$(x, y, z, w)$ が $(0,0,0,0)$, $(0,0,0,1)$, $(0,0,1,1)$, $(0,1,0,0)$, $(0,1,0,1)$, または $(0,1,1,1)$ のいずれかのとき．
- 偽 (空欄) となるのは，$(x, y, z, w)$ が $(1,1,0,0)$, $(1,1,0,1)$, $(1,1,1,1)$, $(1,0,0,0)$, $(1,0,0,1)$, $(1,0,1,1)$, または $(1,0,1,0)$ のいずれかのとき．
- 上記以外の場合，すなわち，$(0,0,1,0)$, $(0,1,1,0)$, または $(1,1,1,0)$ の場合は，論理式は真でも偽でも，どちらでもよい (つまり，ドントケア項)．

を満たす論理式を考え，カルノー図で表してみます (記号「$X$」はドントケア項です)．

| $xy$ \ $zw$ | 00 | 01 | 11 | 10 |
|---|---|---|---|---|
| 0 0 | 1 | 1 | 1 | $X$ |
| 0 1 | 1 | 1 | 1 | $X$ |
| 1 1 |  |  |  | $X$ |
| 1 0 |  |  |  |  |

ここで，「囲み」を作って論理式の簡単化をしましょう．ドントケア項は「真でも偽でも，どちらでもかまわない」ので，都合のいいように解釈しましょう．ここでは，

- 一番上の $X$：真 (1) だと思う
- 真ん中の $X$：真 (1) だと思う

- 一番下の $X$：偽 (空欄) だと思う

と解釈すると，大きく囲えそうです．つまり，

| $x\ y$ \ $z\ w$ | 0 0 | 0 1 | 1 1 | 1 0 |
|---|---|---|---|---|
| 0 0 | 1 | 1 | 1 | $X$ |
| 0 1 | 1 | 1 | 1 | $X$ |
| 1 1 |   |   |   | $X$ |
| 1 0 |   |   |   |   |

（上2行の $X$ 以外の部分を囲んでいる。右端の上2つの $X$ は「1」だと思っている，3番目の $X$ は「空欄」だと思っている）

と囲えますね (念のため繰り返しますが，囲みに入っている $X$ は「1」と解釈され，囲みから外れた $X$ は「空欄」に解釈されています)．これより，簡単化された式「$\overline{x}$」が得られます． ➡ 章末例題 5.4 (p.59) も参照

## 章 末 例 題

5.1 (カルノー図による簡単化 (4 変数の場合))　以下のカルノー図で表現される論理式を，簡単化しなさい．

| $x\ y$ \ $z\ w$ | 0 0 | 0 1 | 1 1 | 1 0 |
|---|---|---|---|---|
| 0 0 |   | 1 | 1 | 1 |
| 0 1 | 1 |   |   | 1 |
| 1 1 | 1 |   |   |   |
| 1 0 |   |   |   |   |

**解**　下記のように囲みを描けば，簡単化した式 $y\overline{z}\,\overline{w} + \overline{x}\,\overline{y}w + \overline{x}z\overline{w}$ を得ることができる．

| $x\ y$ \ $z\ w$ | 0 0 | 0 1 | 1 1 | 1 0 |
|---|---|---|---|---|
| 0 0 |   | 1 | 1 | 1 |
| 0 1 | 1 |   |   | 1 |
| 1 1 | 1 |   |   |   |
| 1 0 |   |   |   |   |

## 章末例題

5.2 (**カルノー図による簡単化 (4 変数，より一般的な場合)**)　以下の論理式を，簡単化しなさい．

(1) $X = \overline{x}\,\overline{y}z\overline{w} + \overline{x}\,\overline{y}zw + \overline{x}yz\overline{w} + \overline{x}yzw + x\overline{y}zw + xy\overline{z}w$

(2) $Y = \overline{x}y\overline{z} + x\overline{y}w + \overline{z}\,\overline{w} + x\overline{w}$

　　ヒント　本問 (2) の場合，論理式は「掛け算の和」の形はしているものの，主加法標準形にはなっておらず，一部の変数が積項から消えた形になっている (たとえば積項 $\overline{x}y\overline{z}$ には，変数 $w$ が現れていない)．そこで，カルノー図を描く際は，等式

$$\begin{cases} \overline{x}y\overline{z} = \overline{x}y\overline{z}(w + \overline{w}) = \overline{x}y\overline{z}w + \overline{x}y\overline{z}\,\overline{w} \\ x\overline{y}w = x\overline{y}w(z + \overline{z}) = x\overline{y}zw + x\overline{y}\,\overline{z}w \\ \overline{z}\,\overline{w} = \overline{z}\,\overline{w}(x + \overline{x})(y + \overline{y}) = xy\overline{z}\,\overline{w} + x\overline{y}\,\overline{z}\,\overline{w} + \overline{x}y\overline{z}\,\overline{w} + \overline{x}\,\overline{y}\,\overline{z}\,\overline{w} \\ x\overline{w} = x\overline{w}(y + \overline{y})(z + \overline{z}) = xyz\overline{w} + xy\overline{z}\,\overline{w} + x\overline{y}z\overline{w} + x\overline{y}\,\overline{z}\,\overline{w} \end{cases}$$

を参考に，消えた変数を戻して考える必要がある (上の等式は，第 2 章の章末例題 2.1 の (1) $(A = A \cdot (B + \overline{B}))$ および章末例題 2.4 の (2) と問 2.2 の (10) から導ける).

(3) $Z = \overline{x}\,\overline{y}z + \overline{x}\,\overline{z}w + \overline{x}yz\overline{w}$

　　ヒント　「$\overline{x}\,\overline{y}\,\overline{z} = \overline{x}\,\overline{y}\,\overline{z}(w + \overline{w})$」および「$\overline{x}\,\overline{z}w = \overline{x}\,\overline{z}w(y + \overline{y})$」である．

**解**　(1) 以下のカルノー図より，論理式 $X$ は $yz\overline{w} + \overline{x}yw + \overline{y}zw + \overline{x}\,\overline{y}z$ に簡単化できる.

| $x\ y$ \ $z\ w$ | 0　0 | 0　1 | 1　1 | 1　0 |
|---|---|---|---|---|
| 0　0 |  |  | 1 | 1 |
| 0　1 |  | 1 | 1 |  |
| 1　1 |  | 1 |  |  |
| 1　0 |  |  | 1 |  |

(2) まず問題文中のヒントを使い，各積項に全変数 $(x, y, z, w)$ が現れる式を作ると，

$$Y = \overline{x}y\overline{z} + x\overline{y}w + \overline{z}\,\overline{w} + x\overline{w}$$
$$= \overline{x}y\overline{z}w + \overline{x}y\overline{z}\,\overline{w}$$
$$\quad + x\overline{y}zw + x\overline{y}\,\overline{z}w$$
$$\quad + xy\overline{z}\,\overline{w} + x\overline{y}\,\overline{z}\,\overline{w} + \overline{x}y\overline{z}\,\overline{w} + \overline{x}\,\overline{y}\,\overline{z}\,\overline{w}$$
$$\quad + xyz\overline{w} + xy\overline{z}\,\overline{w} + x\overline{y}z\overline{w} + x\overline{y}\,\overline{z}\,\overline{w}$$
$$= \overline{x}y\overline{z}w + \overline{x}y\overline{z}\,\overline{w} + x\overline{y}zw + x\overline{y}\,\overline{z}w$$
$$\quad + xyz\overline{w} + x\overline{y}\,\overline{z}\,\overline{w} + \overline{x}\,\overline{y}\,\overline{z}\,\overline{w} + xyz\overline{w} + x\overline{y}z\overline{w}$$

## 第 5 章 回路の簡単化——発展編

となる．これをもとにカルノー図を作ると，次の図のようになる．これより，簡単化された論理式は，

$$x\overline{y} + \overline{z}\,\overline{w} + x\overline{w} + \overline{x}yz$$

である．

| x y \ z w | 0 0 | 0 1 | 1 1 | 1 0 |
|---|---|---|---|---|
| 0 0 | 1 | | | |
| 0 1 | 1 | 1 | | |
| 1 1 | | | | 1 |
| 1 0 | 1 | 1 | 1 | 1 |

(3) まず，各積項にすべての変数 $(x, y, z, w)$ が現れている形の式を作ると，

$$\begin{aligned}Z &= \overline{x}\,\overline{y}\,\overline{z} + \overline{x}\,\overline{z}w + \overline{x}y\overline{z}\,\overline{w} \\ &= \overline{x}\,\overline{y}\,\overline{z}(w + \overline{w}) + \overline{x}\,\overline{z}w(y + \overline{y}) + \overline{x}y\overline{z}\,\overline{w} \\ &= \overline{x}\,\overline{y}\,\overline{z}w + \overline{x}\,\overline{y}\,\overline{z}\,\overline{w} + \overline{x}yzw + \overline{x}y\overline{z}\,\overline{w}\end{aligned}$$

となる（この式変形を行う際には，第 2 章の章末例題 2.4 の (2) で示された分配則 $A \cdot (B + C) = A \cdot B + A \cdot C$ を使った）．これをもとにカルノー図を作ると，次の図のようになる．これより，簡単化された論理式は，

$$\overline{x}\,\overline{z}$$

である．

| x y \ z w | 0 0 | 0 1 | 1 1 | 1 0 |
|---|---|---|---|---|
| 0 0 | 1 | 1 | | |
| 0 1 | 1 | 1 | | |
| 1 1 | | | | |
| 1 0 | | | | |

5.3 (**ドントケア項 (3 変数)**) 以下のカルノー図で表現される論理式を，簡単化しなさい．

| x \ y z | 0 0 | 0 1 | 1 1 | 1 0 |
|---|---|---|---|---|
| 0 | 1 | | X | 1 |
| 1 | X | 1 | | X |

**解** 第 1 行目の「$X$」を空欄，第 2 行目の二つの「$X$」をともに 1 とみなすことにすると，以下のように囲める．これより，簡単化された式は $\bar{z}+x\bar{y}$．

| $x$ \ $yz$ | 00 | 01 | 11 | 10 |
|---|---|---|---|---|
| 0 | 1 |  | $X$ | 1 |
| 1 | $X$ | 1 |  | $X$ |

5.4 (**ドントケア項 (4 変数)**) 以下のカルノー図で表現される論理式を，簡単化しなさい．

| $xy$ \ $zw$ | 00 | 01 | 11 | 10 |
|---|---|---|---|---|
| 0 0 | $X$ | 1 | $X$ |  |
| 0 1 |  |  | $X$ |  |
| 1 1 |  |  |  |  |
| 1 0 | 1 | $X$ |  |  |

**解** カルノー図は下の図である (ただし，囲みの中の $X$ は 1 とみなし，残りの右側の 2 個の $X$ は空欄とみなして扱っている)．これより，簡単化された式は，

$$\bar{y}\,\bar{z}$$

である．

| $xy$ \ $zw$ | 00 | 01 | 11 | 10 |
|---|---|---|---|---|
| 0 0 | $X$ | 1 | $X$ |  |
| 0 1 |  |  | $X$ |  |
| 1 1 |  |  |  |  |
| 1 0 | 1 | $X$ |  |  |

## 演 習 問 題

**問 5.1** 以下のカルノー図で表現される論理式を，簡単化しなさい．

| $x\ y$ \ $z\ w$ | 0 0 | 0 1 | 1 1 | 1 0 |
|---|---|---|---|---|
| 0 0 | 1 | 1 | 1 | 1 |
| 0 1 | 1 |   |   | 1 |
| 1 1 | 1 |   |   | 1 |
| 1 0 | 1 | 1 | 1 | 1 |

**問 5.2** 以下のカルノー図で表現される論理式を，簡単化しなさい．ただし，本問の場合では，答えとなる論理式は 2 通りある．両方とも求めなさい．

| $x\ y$ \ $z\ w$ | 0 0 | 0 1 | 1 1 | 1 0 |
|---|---|---|---|---|
| 0 0 |   | 1 |   | 1 |
| 0 1 |   | 1 | 1 | 1 |
| 1 1 | 1 | 1 |   |   |
| 1 0 | 1 | 1 |   |   |

**問 5.3** 以下のカルノー図で表現される論理式を，簡単化しなさい．

| $x\ y$ \ $z\ w$ | 0 0 | 0 1 | 1 1 | 1 0 |
|---|---|---|---|---|
| 0 0 |   |   | $X$ | 1 |
| 0 1 | 1 | $X$ | 1 | $X$ |
| 1 1 |   |   |   |   |
| 1 0 |   |   | 1 | 1 |

**問 5.4** 以下のカルノー図で表現される論理式を，簡単化しなさい．

| $x\ y$ \ $z\ w$ | 0 0 | 0 1 | 1 1 | 1 0 |
|---|---|---|---|---|
| 0 0 | X | 1 | 1 | 1 |
| 0 1 | 1 |   |   | 1 |
| 1 1 | 1 | X | X | X |
| 1 0 |   |   |   |   |

## 第6章

# 回路の設計演習 (1) —— 4ビット加算器

これまでの章で，論理回路の基本を学んできました．本章と次章では，これまでに学んだ知識をもとに，何かコンピュータの機能を作ってみたいと思います．

本章では，4ビットで表される二つの2進数を足し算する回路 (加算器) を作ります．具体的には，**桁上げ伝搬加算回路**という回路を設計したいと思います．

## 6.1 4ビット加算器を設計しよう

普段，私たちが手で「足し算」をするときは，どのように足しているのでしょうか？ここではまず，二つの数を「筆算」で足すときのようすを，確認しましょう．以下，2進数で考えますが，基本的には10進数のときと変わりません．例として，

$$0101 + 1001 = 1110$$

を考えることにしましょう[*1]．図 6.1 のような計算になると思います[*2]．

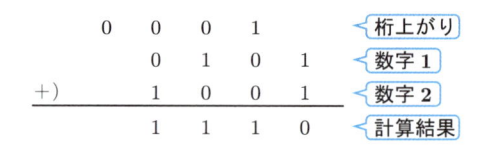

```
      0   0   0   1     ←桁上がり
          0   1   0   1  ←数字1
   +)     1   0   0   1  ←数字2
          1   1   1   0  ←計算結果
```

図 6.1 筆算による，2進数の足し算

加算器を作るときは，筆算の手順を，そのまま回路化することにします．ちょうど，図 6.2 のような構成になります．この図を見ると

(1) 1桁目の計算をする部分
(2) 2〜4桁目の計算をする部分

---

[*1] $101 + 1001 = 1110$ と書いてもよかったですが，ここは「4ビットの足し算」という点を強調して，最上位の 0 も示して $0101 + 1001 = 1110$ としました．

[*2] 2進数なので，各桁の計算は

「$0 + 0 = 0$」「$0 + 1 = 1$」「$1 + 0 = 1$」「$1 + 1 = 10$」

となります ($1 + 1$ のときだけ，桁上がりがあります)．

6.2 半加算器 (ハーフアダー)

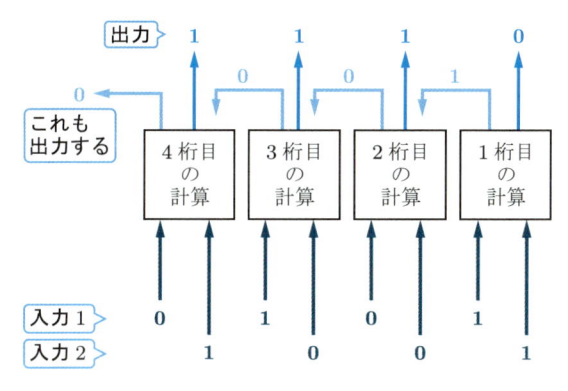

図 6.2 4 ビット加算器の構成

で，別々の回路になっています (2〜4 桁目は同じ回路になっていることにも，注意しておきましょう)．(1) の部分を「**半加算器 (ハーフアダー)**」と，(2) の部分を「**全加算器 (フルアダー)**」とよびます．

## 6.2 半加算器 (ハーフアダー)

半加算器 (ハーフアダー，HA) は，4 ビット加算器の一番右に現れている回路で，1 桁目の計算をする部分です (図 6.3)．半加算器の入出力は，次のようになります．

- 入力：$a, b$ (それぞれ，1 ビット)
- 出力：
  — 桁上がり $c$ ($a + b$ の結果の「上の桁」)
  — 出力 $s$ ($a + b$ の結果の「下の桁」)

図 6.3 半加算器 (ハーフアダー, HA)

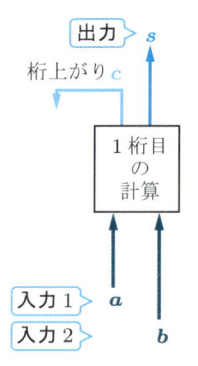

表 6.1 半加算器の入出力

| $a$ | $b$ | $c$ | $s$ | |
|---|---|---|---|---|
| 0 | 0 | 0 | 0 | $(0 + 0 = 00)$ |
| 0 | 1 | 0 | 1 | $(0 + 1 = 01)$ |
| 1 | 0 | 0 | 1 | $(1 + 0 = 01)$ |
| 1 | 1 | 1 | 0 | $(1 + 1 = 10)$ |

**64** 第 6 章　回路の設計演習 (1) —— 4 ビット加算器

まずは，入出力の関係を，真理値表でまとめてみることにしましょう．表 6.1 のような表が書けると思います．

これをもとに，桁上がり $c$ (表 6.1 の左から 3 列目) と出力 $s$ (表 6.1 の 4 列目) を表す論理式を，入力を表す変数 $a$ および $b$ を使って書くと，

$$\begin{cases} c = a \cdot b \\ s = \overline{a} \cdot b + a \cdot \overline{b} \end{cases}$$

となります．これらの論理式は，十分簡単な形をしているように見えるので，今回は上記の論理式をそのまま回路図にしてみることにします (ただし，$s = a \oplus b$ なので，もし排他的論理和ゲートを使ってよいのであれば，もう少し簡単にできます 🔵 章末例題 6.1 (p.68) も参照)．その結果が，図 6.4 です．なお，以前の章 (第 3 章) では，左側に入力，右側に出力が描かれていましたが，今回は図 6.3 と図 6.4 の対応がつきやすいように，入力を下側に，出力を上側に配置しています．また，今回は AND ゲート，OR ゲート，および NOT ゲートを使った回路図を示していますが，もちろん，以前の章で学んだように，NAND と NOT から成る回路としてもかまいません．

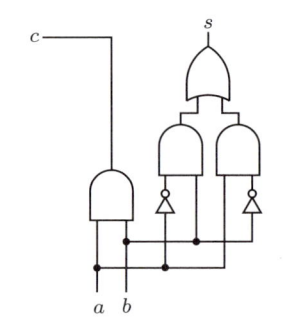

図 6.4　半加算器の回路図

## 6.3　全加算器 (フルアダー)

次は，全加算器 (フルアダー，FA) を作ってみましょう．これは，2〜4 桁目の計算をする部分です (図 6.5)．半加算器と異なり，全加算器では下の位からの桁上がり ($d$) も処理します．つまり，$a + b + d$ を計算します．

全加算器の入出力は，次のようになります．
- 入力：$a, b, d$ (それぞれ，1 ビット)

## 6.3 全加算器 (フルアダー)

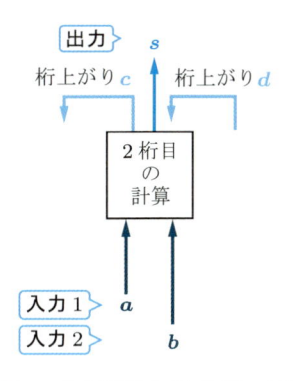

図 6.5 全加算器 (フルアダー, FA)

表 6.2 全加算器の入出力

| a | b | d | c | s |   |
|---|---|---|---|---|---|
| 0 | 0 | 0 | 0 | 0 | $(0+0+0=00)$ |
| 0 | 0 | 1 | 0 | 1 | $(0+0+1=01)$ |
| 0 | 1 | 0 | 0 | 1 | $(0+1+0=01)$ |
| 0 | 1 | 1 | 1 | 0 | $(0+1+1=10)$ |
| 1 | 0 | 0 | 0 | 1 | $(1+0+0=01)$ |
| 1 | 0 | 1 | 1 | 0 | $(1+0+1=10)$ |
| 1 | 1 | 0 | 1 | 0 | $(1+1+0=10)$ |
| 1 | 1 | 1 | 1 | 1 | $(1+1+1=11)$ |

- 出力：
  - 桁上がり $c$ ($a+b+d$ の結果の「上の桁」)
  - 出力 $s$ ($a+b+d$ の結果の「下の桁」)

これらの関係を真理値表にまとめると，表 6.2 のようになります．真理値表をもとに $c$ と $s$ を表す論理式を求め，(必要であれば) 簡単化して，回路図を描きます．

まず，桁上がり「$c$」および出力「$s$」を，論理式 (主加法標準形) として書いてみます．真理値表から，論理式

$$\begin{cases} c = \overline{a}bd + a\overline{b}d + ab\overline{d} + abd \\ s = \overline{a}\,\overline{b}d + \overline{a}b\overline{d} + a\overline{b}\,\overline{d} + abd \end{cases}$$

が得られます．ここでカルノー図を描いて，各論理式を簡単化してみましょう．まずは，論理式 $c$ を表すカルノー図を描くと

| a \ bd | 00 | 01 | 11 | 10 |
|---|---|---|---|---|
| 0 |   |   | 1 |   |
| 1 |   | 1 | 1 | 1 |

となり，$c = ad + bd + ab$ と簡単化されます．一方で，論理式 $s$ については，

|  $a$ \ $b\,d$ | 0 0 | 0 1 | 1 1 | 1 0 |
|---|---|---|---|---|
| 0 |   | 1 |   | 1 |
| 1 | 1 |   | 1 |   |

となるので，うまく囲むことはできず，これ以上は簡単化できないようです (ただし，排他的論理和を使えば，$s = a \oplus (b \oplus d)$ と簡単化できるので，これを回路化する手もあります ➡ 章末例題 6.2 (p.69) も参照).

最後に回路図を描けば，全加算器の完成です．図 6.6 のような回路図になります (図 6.5 と図 6.6 を比べて対応を考えてみると，理解が進むでしょう).

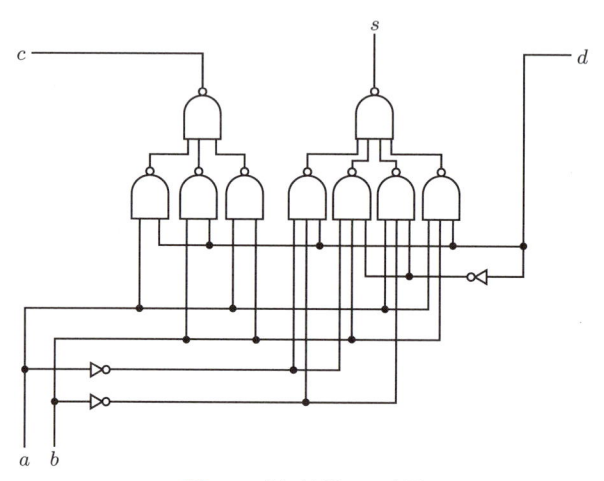

図 6.6 全加算器の回路図

## 6.4　4 ビット加算器の完成

これまでに，部品となる 2 種類の加算器 (半加算器，全加算器) が完成しました．ここで，二つの 4 桁の 2 進数 $a_4a_3a_2a_1$ および $b_4b_3b_2b_1$ を入力にとり，両者の和 $a_4a_3a_2a_1 + b_4b_3b_2b_1$ を求めて 5 桁の 2 進数 $cs_4s_3s_2s_1$ として出力する「**4 ビット加算器**」の回路を完成させましょう．この回路は**桁上げ伝搬加算回路**とよばれ，半加算器を 1 個，全加算器を 3 個使うことで作れます．回路図は図 6.7 のとおりです．ただし，部品となる四つの加算器の入出力をきちんと区別するため，ここでは $a, b, s$ といった変数名ではなく，$a_1, b_1, s_1$ のように添え字をつけた変数名を使うことにします．こ

6.4 4ビット加算器の完成

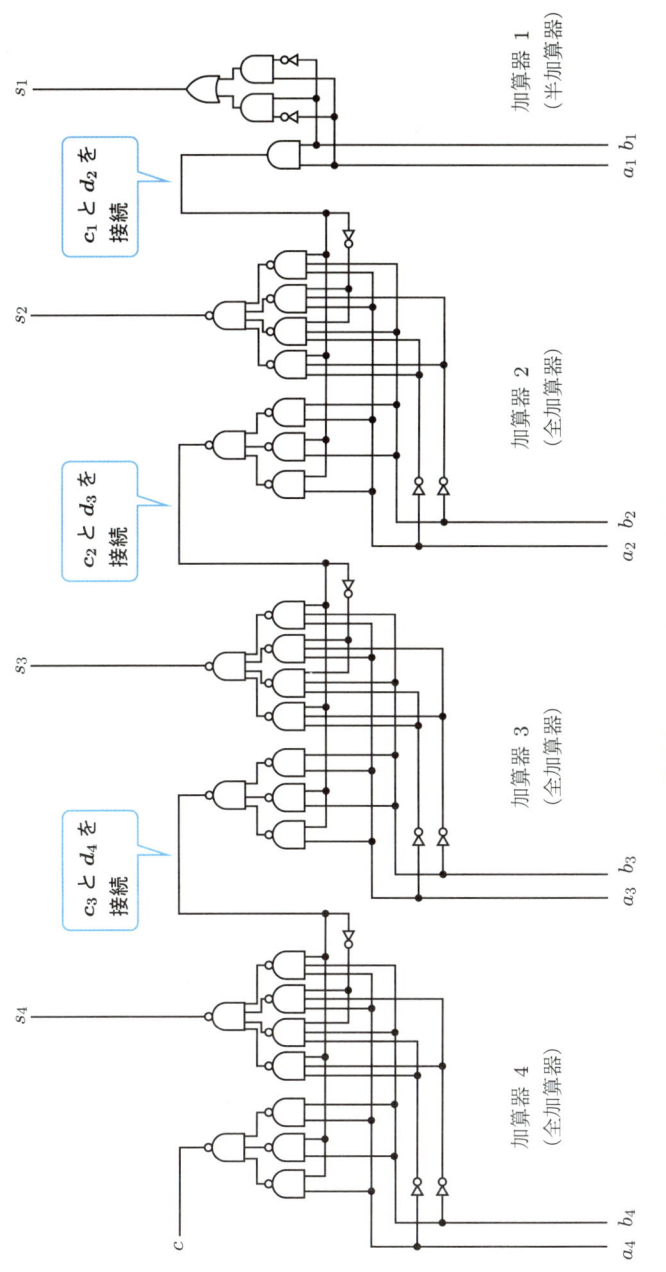

図 6.7 4ビット加算器の回路図

の添え字 (番号) は，図 6.7 に描かれている四つの加算器を右から 1〜4 と番号づけしたときのものです．また，この最終的な回路図からは消えていますが，説明の都合上，変数 $c$ や $d$ についても，加算器の番号をふって $c_1, d_2$ のように扱うこととします (ただし，$c_4$ について，図 6.7 中では添え字を省略して「$c$」と表記しています).

さて，図 6.7 の回路図がどのように描かれているか，見ていきましょう．まず，図 6.4 の半加算器の回路図を一番右に描き (加算器 1)，その左に図 6.6 の 3 個の全加算器を並べて描きます (加算器 2〜4)．ここで，各 $i = 1, 2, 3$ について，加算器 $i$ の出力 $c_i$ とその左隣の加算器の入力 $d_{i+1}$ をつないでください．具体的には，

- 半加算器 (加算器 1) の出力「$c_1$」を，すぐ隣の全加算器 (加算器 2) の入力「$d_2$」につなぐ．
- 加算器 2 の出力「$c_2$」を，加算器 3 の入力「$d_3$」につなぐ．
- 加算器 3 出力「$c_3$」を，加算器 4 の入力「$d_4$」につなぐ．

ということです．図 6.2 の「4 ビット加算器の構成」を眺めてみると，右側の加算器の「桁上がり」をすぐ左の加算器が受け取って処理していますね．これを回路図上で表現するために，これらの配線が必要になります．なお，左側の全加算器 (加算器 4) の出力 $c_4$ はどこにもつなぎませんが，これは 4 ビット加算器の「5 桁目の出力」として使われるためです．また，図中に $c_1$〜$c_3$ が現れないのに $c_4$ だけあるというのも少し変なので，図 6.7 では先ほども述べたように，添え字を省略して「$c$」と表記しています．

さて，長らくかかりましたが，これで 4 ビット加算器の完成です．お疲れ様でした．なお今回は，排他的論理和を使わずに，半加算器，全加算器の回路を作りました．もし，排他的論理和ゲートを使ってよいとすると，もう少し回路がシンプルになります．章末例題に載せておきますので，チャレンジしてみるとよいでしょう．

▶ 章末例題 6.3，6.4 (p.69) も参照

## 章 末 例 題

6.1 (半加算器の論理式 (排他的論理和を使った表現))　次の二つの論理式が同等であることを，真理値表を書いて確かめなさい．

- $\bar{a} \cdot b + a \cdot \bar{b}$
- $a \oplus b$

**解** 以下の真理値表より，$\overline{a}\cdot b+a\cdot\overline{b}$ と $a\oplus b$ は同等である．

| $a$ | $b$ | $\overline{a}$ | $\overline{b}$ | $\overline{a}\cdot b$ | $a\cdot\overline{b}$ | $\overline{a}\cdot b+a\cdot\overline{b}$ | $a\oplus b$ |
|---|---|---|---|---|---|---|---|
| 1 | 1 | 0 | 0 | 0 | 0 | **0** | **0** |
| 1 | 0 | 0 | 1 | 0 | 1 | **1** | **1** |
| 0 | 1 | 1 | 0 | 1 | 0 | **1** | **1** |
| 0 | 0 | 1 | 1 | 0 | 0 | **0** | **0** |

**6.2** (**全加算器の論理式 (排他的論理和を使った表現)**)　次の二つの論理式が同等であることを，真理値表を書いて確かめなさい．

- $\overline{a}\,\overline{b}d+\overline{a}b\overline{d}+a\overline{b}\,\overline{d}+abd$
- $a\oplus(b\oplus d)$

**解** 次の真理値表より，$X=\overline{a}\,\overline{b}d+\overline{a}b\overline{d}+a\overline{b}\,\overline{d}+abd$ と $a\oplus(b\oplus d)$ は同等．

| $a$ | $b$ | $d$ | $\overline{a}\,\overline{b}d$ | $\overline{a}b\overline{d}$ | $a\overline{b}\,\overline{d}$ | $abd$ | $X$ | $b\oplus d$ | $a\oplus(b\oplus d)$ |
|---|---|---|---|---|---|---|---|---|---|
| 0 | 0 | 0 | 0 | 0 | 0 | 0 | **0** | 0 | **0** |
| 0 | 0 | 1 | 1 | 0 | 0 | 0 | **1** | 1 | **1** |
| 0 | 1 | 0 | 0 | 1 | 0 | 0 | **1** | 1 | **1** |
| 0 | 1 | 1 | 0 | 0 | 0 | 0 | **0** | 0 | **0** |
| 1 | 0 | 0 | 0 | 0 | 1 | 0 | **1** | 0 | **1** |
| 1 | 0 | 1 | 0 | 0 | 0 | 0 | **0** | 1 | **0** |
| 1 | 1 | 0 | 0 | 0 | 0 | 0 | **0** | 1 | **0** |
| 1 | 1 | 1 | 0 | 0 | 0 | 1 | **1** | 0 | **1** |

**6.3** (**排他的論理和を使った半加算器**)　章末例題 6.1 の結果に基づき，半加算器を式

$$\begin{cases} c=a\cdot b \\ s=a\oplus b \end{cases}$$

に基づいて作りなさい (つまり，排他的論理和ゲートも使ってよい，ということ)．

**解** 半加算器の回路 (排他的論理和ゲートを使用) は，下の図のとおり．

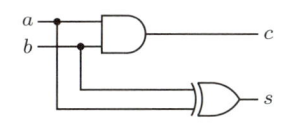

**6.4** (**排他的論理和を使った全加算器**)　全加算器についても，章末例題 6.2 の結果に基づき，排他的論理和ゲートを使って作りなさい．入出力の式は，

$$\begin{cases} c=ad+bd+ab \\ s=a\oplus(b\oplus d) \end{cases}$$

である.

**解** 全加算器の回路は下の図のとおり．ここでは，3入力の排他的論理和を使った．

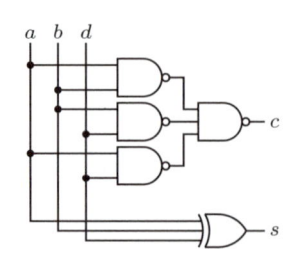

## 演習問題

**問 6.1** 本章の説明と似た考え方で，
- 入力：4ビットで表現された2進数 $a_4 a_3 a_2 a_1$
- 出力：入力に1を加えた結果 $c s_4 s_3 s_2 s_1$

となる回路を作ることができる (具体的には，p.63 の図 6.2 で「入力 2」を「0 0 0 1」に固定して考えれば「1 を加える回路」ができる)．以下のヒントを参考に，そのような回路を作りなさい．

ヒント
- 4ビット加算器のときと同様に，一番下の桁の処理部分とそれ以外の部分に分けて考える．一番下の桁 (入力 $a_1$) を処理する回路 (半加算器に相当) は，図 6.3 (p.63) の「入力 2 ($=b$)」を1に固定して考えればできる．半加算器の真理値表 (p.63 の表 6.1) から「$b=0$」となっているすべての行を取り除いたものが，作りたい回路の真理値表である．実際に真理値表を書いてみると，左下の表のようになり，さらに「$b$」の列を省略すれば，入力「$a$」と出力「$c$」「$s$」の関係を表す真理値表 (右下) が得られる．

| $a$ | $b$ | $c$ | $s$ |
|---|---|---|---|
| 0 | 1 | 0 | 1 |
| 1 | 1 | 1 | 0 |

$(0 + 1 = 01)$
$(1 + 1 = 10)$

| $a$ | $c$ | $s$ |
|---|---|---|
| 0 | 0 | 1 |
| 1 | 1 | 0 |

$(0 + 1 = 01)$
$(1 + 1 = 10)$

- 入力 $a_2, a_3, a_4$ を処理する回路 (全加算器に相当) は，図 6.5 (p.65) の「入力 2 ($=b$)」を 0 とみなしたものに相当する．全加算器の真理値表 (p.65 の表 6.2) から「$b=1$」の部分を取り除いたものが，左下の表であり，さらに「$b$」の列を省略すれば，入力「$a$」「$d$」と出力「$c$」「$s$」の関係を表す真理値表 (右下) が得られる．

| $a$ | $b$ | $d$ | $c$ | $s$ |
|---|---|---|---|---|
| 0 | 0 | 0 | 0 | 0 |
| 0 | 0 | 1 | 0 | 1 |
| 1 | 0 | 0 | 0 | 1 |
| 1 | 0 | 1 | 1 | 0 |

$(0 + 0 + 0 = 00)$
$(0 + 0 + 1 = 01)$
$(1 + 0 + 0 = 01)$
$(1 + 0 + 1 = 10)$

| $a$ | $d$ | $c$ | $s$ |
|---|---|---|---|
| 0 | 0 | 0 | 0 |
| 0 | 1 | 0 | 1 |
| 1 | 0 | 0 | 1 |
| 1 | 1 | 1 | 0 |

$(0 + 0 + 0 = 00)$
$(0 + 0 + 1 = 01)$
$(1 + 0 + 0 = 01)$
$(1 + 0 + 1 = 10)$

# 第7章
## 回路の設計演習 (2) —— 7セグメントデコーダ

前章に引き続き，大きめの回路を作ってみましょう．本章では，7セグメントデコーダとよばれる回路を作ります．難しそうな名前をしていますが，たいへん身近な回路です．「電卓の表示部のように数字を光らせる回路」といえば，ピンとくる人も多いのではないでしょうか．

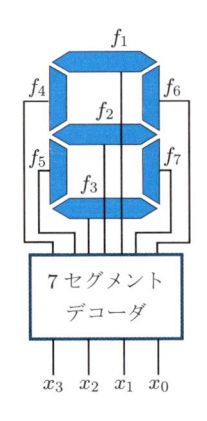

## 7.1 7セグメントデコーダ

7セグメントデコーダは，8の字型に並べられた発光ダイオード (LED) を点灯させて，数字を表示する装置です．電卓の表示部などで，誰でも一度は見たことがあるでしょう．

7セグメントデコーダ (図7.1の四角い装置) は，入力 $x_3, x_2, x_1, x_0$ と出力 $f_1, f_2, f_3, \ldots, f_7$ をもちます．入力 $x_3 x_2 x_1 x_0$ は，4ビットで表現される2進数を表しており，出力 $f_1, f_2, f_3, \ldots, f_7$ は，各LEDのON/OFFを表します．たとえば入力が0000(すなわち，10進数の0)のときは，図7.2 (a) のように，第2セグメント ($f_2$) 以外のすべてが点灯します．このときの出力は，

図7.1 7セグメントデコーダ

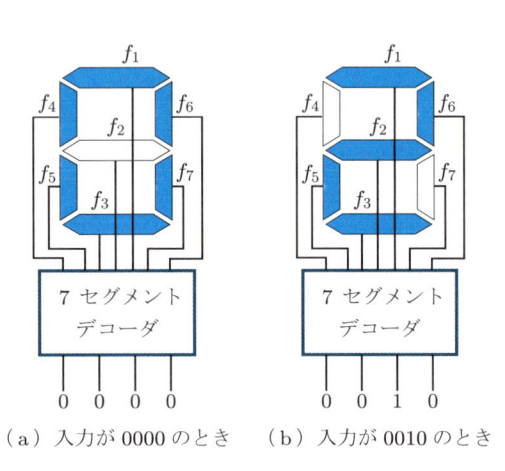

図7.2 表示例(「0」の形と「2」の形に点灯)
（a）入力が0000のとき
（b）入力が0010のとき

$$f_1 = 1 \quad f_2 = 0 \quad f_3 = 1 \quad f_4 = 1 \quad f_5 = 1 \quad f_6 = 1 \quad f_7 = 1$$

です (0 がスイッチ OFF を，1 がスイッチ ON を表します)．一方で，入力が００１０(すなわち，10 進数の 2) のときは，図 7.2 (b) のように点灯します．このときの各セグメントの出力は，

$$f_1 = 1 \quad f_2 = 1 \quad f_3 = 1 \quad f_4 = 0 \quad f_5 = 1 \quad f_6 = 1 \quad f_7 = 0$$

です．

入力となる 2 進数 $x_3 x_2 x_1 x_0$ によって各セグメント 1〜7 の点灯/消灯状態がどうなるかを真理値表としてまとめたものが，表 7.1 です．

表 7.1 真理値表 (7 セグメントデコーダ)

| | 10 進数 | $x_3$ | $x_2$ | $x_1$ | $x_0$ | $f_1$ | $f_2$ | $f_3$ | $f_4$ | $f_5$ | $f_6$ | $f_7$ |
|---|---|---|---|---|---|---|---|---|---|---|---|---|
| | 0 | 0 | 0 | 0 | 0 | 1 | 0 | 1 | 1 | 1 | 1 | 1 |
| | 1 | 0 | 0 | 0 | 1 | 0 | 0 | 0 | 0 | 0 | 1 | 1 |
| | 2 | 0 | 0 | 1 | 0 | 1 | 1 | 1 | 0 | 1 | 1 | 0 |
| | 3 | 0 | 0 | 1 | 1 | 1 | 1 | 1 | 0 | 0 | 1 | 1 |
| | 4 | 0 | 1 | 0 | 0 | 0 | 1 | 0 | 1 | 0 | 1 | 1 |
| | 5 | 0 | 1 | 0 | 1 | 1 | 1 | 1 | 1 | 0 | 0 | 1 |
| | 6 | 0 | 1 | 1 | 0 | 1 | 1 | 1 | 1 | 1 | 0 | 1 |
| | 7 | 0 | 1 | 1 | 1 | 1 | 0 | 0 | 1 | 0 | 1 | 1 |
| | 8 | 1 | 0 | 0 | 0 | 1 | 1 | 1 | 1 | 1 | 1 | 1 |
| | 9 | 1 | 0 | 0 | 1 | 1 | 1 | 1 | 1 | 0 | 1 | 1 |

## 7.2 回路図の作成

さてこれから，$f_1$〜$f_7$ を表す論理回路を作っていきましょう．そのために，まず表 7.1 としてまとめた真理値表をもとに，

「入力 $x_3 x_2 x_1 x_0$ に応じて，各 $f_1$〜$f_7$ がどのような値をとるのか」

を考えてみたいと思います．

まずは，第 1 セグメント ($f_1$) から考えてみましょう．表 7.1 の $f_1$ の列を縦に眺めて

## 第7章 回路の設計演習(2)――7セグメントデコーダ

みますと，変数の組 $(x_3, x_2, x_1, x_0)$ の値が次のどれかの場合に当てはまれば，$f_1 = 1$ になるといえます．

$(0,0,0,0)$, $(0,0,1,0)$, $(0,0,1,1)$, $(0,1,0,1)$, $(0,1,1,0)$,
$(0,1,1,1)$, $(1,0,0,0)$, もしくは $(1,0,0,1)$

このことを，カルノー図を使って表現してみます．すると，$f_1$ の点灯パターンは

| $x_0 x_1$ \ $x_2 x_3$ | 0 0 | 0 1 | 1 1 | 1 0 |
|---|---|---|---|---|
| 0 0 | 1 | 1 |   |   |
| 0 1 | 1 |   |   | 1 |
| 1 1 | 1 |   |   | 1 |
| 1 0 |   | 1 |   | 1 |

となり，さらに簡単化を行えば，

| $x_0 x_1$ \ $x_2 x_3$ | 0 0 | 0 1 | 1 1 | 1 0 |
|---|---|---|---|---|
| 0 0 | 1 | 1 |   |   |
| 0 1 | 1 |   |   | 1 |
| 1 1 | 1 |   |   | 1 |
| 1 0 |   | 1 |   | 1 |

より，$f_1 = x_1 \overline{x}_3 + \overline{x}_0 \overline{x}_1 \overline{x}_2 + \overline{x}_1 \overline{x}_2 x_3 + x_0 x_2 \overline{x}_3$ となります．これと同じ作業を $f_2 \sim f_7$ にも行って最後に回路図を描けば，7セグメントデコーダの(一応)できあがりです．

## 7.3 回路図の作成 (もう一工夫)

前節の最後では「(一応)できあがり」と書きましたが，実は，5.3節で学んだ「ドントケア項」の考え方を用いると，回路をもっと簡単なものにできます．以下では，もう一工夫して，より簡単な回路を作ってみましょう．

まず，もう一度入力 $x_3 x_2 x_1 x_0$ を考えてみましょう．これは，0～9までの数値を2進数表現したものでした．今回は0～9までの値を扱っていますが，しかし，4桁の2進数を使って表現できる値の範囲は0～15まであります．つまり，7.2節では

- 10 (2進数表現では「1010」)

- 11 (2進数表現では「1011」)
- 12 (2進数表現では「1100」)
- 13 (2進数表現では「1101」)
- 14 (2進数表現では「1110」)
- 15 (2進数表現では「1111」)

が入力されたときには「$f_1 = 0$」となるように限定してカルノー図を描いていた，ということです．しかしながら，今回の回路については，そのような限定をしなければならない理由はありません．そこで，入力 1010～1111 をドントケア項と考えて

| $x_0\ x_1$ \ $x_2\ x_3$ | 0 0 | 0 1 | 1 1 | 1 0 |
|---|---|---|---|---|
| 0 0 | 1 | 1 | $X$ |   |
| 0 1 | 1 | $X$ | $X$ | 1 |
| 1 1 | 1 | $X$ | $X$ | 1 |
| 1 0 |   | 1 | $X$ | 1 |

のようなカルノー図を扱い，回路をさらに簡単化することにします．たとえば，今回はこのカルノー図に現れるすべての「$X$」の出現を「1」とみなすことにすると，

| $x_0\ x_1$ \ $x_2\ x_3$ | 0 0 | 0 1 | 1 1 | 1 0 |
|---|---|---|---|---|
| 0 0 | 1 | 1 | $X$ |   |
| 0 1 | 1 | $X$ | $X$ | 1 |
| 1 1 | 1 | $X$ | $X$ | 1 |
| 1 0 |   | 1 | $X$ | 1 |

と囲むことができます．これより，論理式

$$f_1 = x_1 + x_3 + \overline{x}_0\,\overline{x}_2 + x_0 x_2$$

が得られます．前節で得られた論理式は，$f_1 = x_1\overline{x}_3 + \overline{x}_0\,\overline{x}_1\,\overline{x}_2 + \overline{x}_1\,\overline{x}_2 x_3 + x_0 x_2 \overline{x}_3$ でしたから，かなり簡単になったことが見た目にもわかります．$f_2$ から $f_7$ についても，作業としては同様です．カルノー図を描いて，簡単化された式を求めてみましょう． ⇨ 章末例題 7.1 (p.76) も参照

## 第 7 章　回路の設計演習 (2)——7 セグメントデコーダ

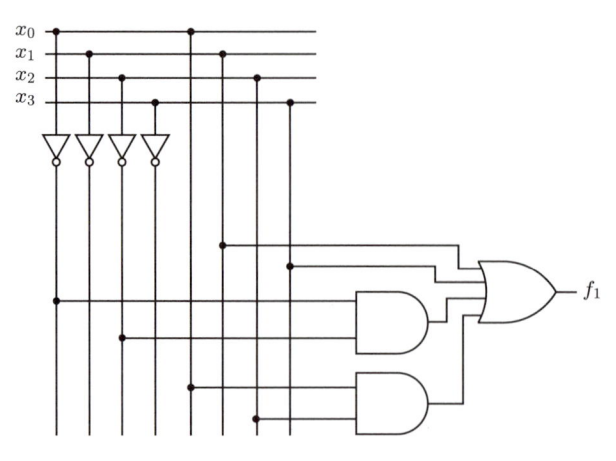

図 7.3　$f_1$ の回路図

さて，あとは，簡単化された $f_1$ を表す回路図を図 7.3 のように描けばできあがりです．この図の中では AND ゲート，OR ゲート，および NOT ゲートを使っていますが，もちろん，NAND ゲートと NOT ゲートからなる回路に変形してもかまいません．

$f_2$ から $f_7$ についても，上記と同様の作業を繰り返し行ってください．だいぶ大きな図になると思いますが，面倒くさがらずにやることです．丹念に・ていねいに作業を行って，7 セグメントデコーダの回路図全体を完成させましょう (以下の問題を参照).

## 章 末 例 題

7.1 ($f_2$ から $f_7$ まで)　7 セグメントデコーダの第 2 セグメント ($f_2$) から第 7 セグメント ($f_7$) を表すカルノー図 (6 個) を描きなさい．ドントケア項も考慮に入れること．さらに，$f_2$ から $f_7$ に対する簡単化を行って，論理式を求めなさい．

**解**　簡単化された論理式と，それを導く際に使ったカルノー図を示す．

- $f_2 = x_3 + \overline{x}_0 x_2 + x_1 \overline{x}_2 + \overline{x}_1 x_2$ 　($f_2 = x_3 + \overline{x}_0 x_1 + x_1 \overline{x}_2 + \overline{x}_1 x_2$ も可能)

| $x_0\ x_1$ \ $x_2$ $x_3$ | 0　0 | 0　1 | 1　1 | 1　0 |
|---|---|---|---|---|
| 0　0 |  | 1 | X | 1 |
| 0　1 | 1 | X | X | 1 |
| 1　1 | 1 | X | X |  |
| 1　0 |  | 1 | X | 1 |

- $f_3 = x_3 + \overline{x}_0 x_1 + \overline{x}_0\, \overline{x}_2 + x_1 \overline{x}_2 + x_0 \overline{x}_1 x_2$

| $x_0\ x_1$ \ $x_2$ $x_3$ | 0 0 | 0 1 | 1 1 | 1 0 |
|---|---|---|---|---|
| 0 0 | 1 | 1 | X |  |
| 0 1 | 1 | X | X | 1 |
| 1 1 | 1 | X | X |  |
| 1 0 |  | 1 | X | 1 |

- $f_4 = x_2 + x_3 + \overline{x}_0\, \overline{x}_1$

| $x_0\ x_1$ \ $x_2$ $x_3$ | 0 0 | 0 1 | 1 1 | 1 0 |
|---|---|---|---|---|
| 0 0 | 1 | 1 | X | 1 |
| 0 1 |  | X | X | 1 |
| 1 1 |  | X | X | 1 |
| 1 0 |  | 1 | X | 1 |

- $f_5 = \overline{x}_0 x_1 + \overline{x}_0\, \overline{x}_2$

| $x_0\ x_1$ \ $x_2$ $x_3$ | 0 0 | 0 1 | 1 1 | 1 0 |
|---|---|---|---|---|
| 0 0 | 1 | 1 | X |  |
| 0 1 | 1 | X | X | 1 |
| 1 1 |  | X | X |  |
| 1 0 |  |  | X |  |

- $f_6 = \overline{x}_2 + x_0 x_1 + \overline{x}_0\, \overline{x}_1$

| $x_0\ x_1$ \ $x_2$ $x_3$ | 0 0 | 0 1 | 1 1 | 1 0 |
|---|---|---|---|---|
| 0 0 | 1 | 1 | X | 1 |
| 0 1 | 1 | X | X |  |
| 1 1 | 1 | X | X | 1 |
| 1 0 | 1 | 1 | X |  |

# 第 7 章　回路の設計演習 (2) ―― 7 セグメントデコーダ

- $f_7 = x_0 + \overline{x}_1 + x_2$

| $x_0\ x_1$ ＼ $x_2\ x_3$ | 0 0 | 0 1 | 1 1 | 1 0 |
|---|---|---|---|---|
| 0 0 | 1 | 1 | X | 1 |
| 0 1 |   | X | X | 1 |
| 1 1 | 1 | X | X | 1 |
| 1 0 | 1 | 1 | X | 1 |

## 演 習 問 題

**問 7.1** 以下に示す 7 セグメントデコーダの回路図を，完成させなさい．

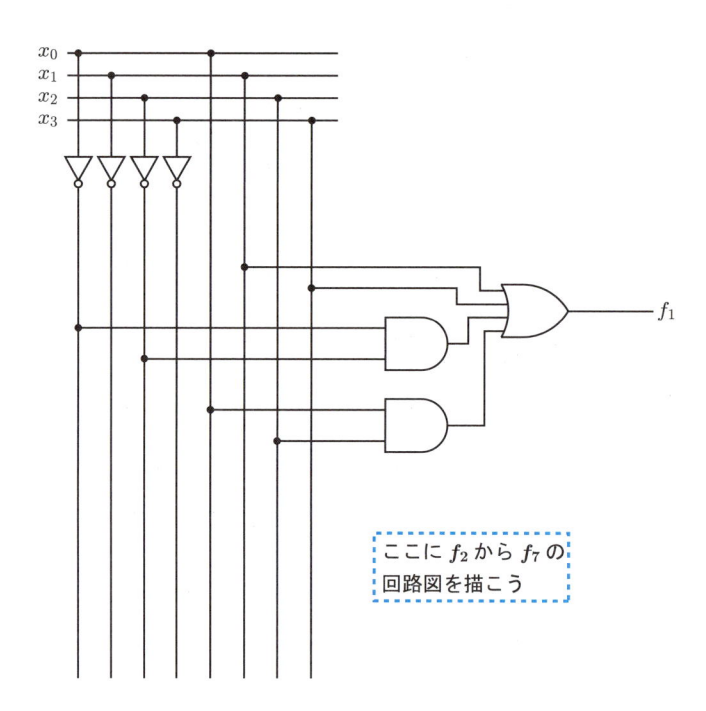

ここに $f_2$ から $f_7$ の回路図を描こう

# 第8章
# 順序回路とは

これまでに，図 8.1 に示すような回路 (足し算の回路や，デジタル表示回路) の作成を通じて，基本的な論理回路の設計方法を学んできました．これまで作った回路には，出力は**入力のみ**に依存するという共通点があります (こうした特徴をもつ論理回路は，**組み合わせ回路**とよばれます)．一方，論理回路には，

　　　出力が**入力と現状態** (いまシステムがどんな状態にあるのか) の両方に依存

するタイプの回路もあり，**順序回路**とよばれています．本章と次章では，順序回路の作り方を学んでいきたいと思います．

(a) 加算器(足し算の回路)

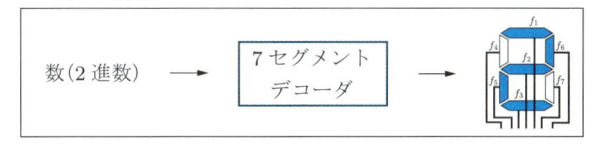

(b) 7セグメントデコーダ(デジタル表示回路)

図 8.1　これまでに作った回路

## 8.1　順序回路の例と種類

たとえば，次のような装置を考えてみましょう (この装置は，後で設計してみます).

> 例 8.1　左右に緑と赤のランプをもつ装置．最初は赤が点灯している．また，この装置には押しボタン式の入力スイッチがついており，押している状態が ON (入力 = 1)，離している状態が OFF (入力 = 0) である．スイッチが OFF のときは，直前に点灯しているランプがそのまま点灯する．一方，スイッチが ON のときは，図 8.2 (b) のように左右が交互に点灯する．

**第 8 章　順序回路とは**

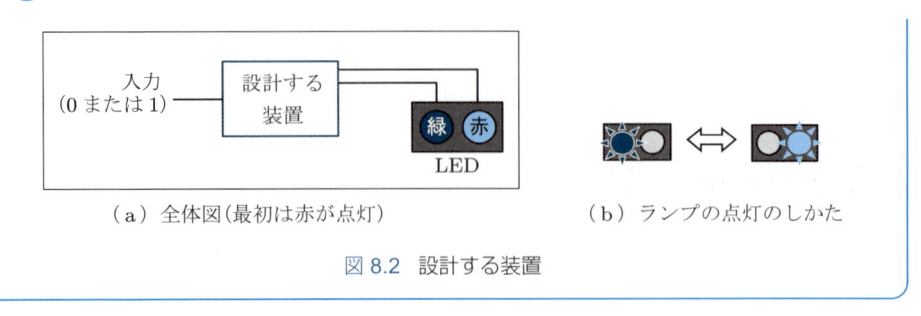

図 8.2　設計する装置

　この装置の出力 (ランプの点灯) は，入力値だけでなく現時点のランプの点灯状態にも依存しますから，この装置は順序回路です．上記のほかにも，

- 信号機
- 自動販売機
- 自動車や家電に内蔵された回路

などは，すべて順序回路として実現されます．身の回りのほとんどの電子機器が順序回路だと，わかりますね．

　順序回路には 2 種類のタイプがあり，それぞれ，

(1) **ミーリー型** (入力と現状態により，出力と次状態が決まる)

(2) **ムーア型** (現状態のみにより，出力と次状態が決まる)

とよばれています．この章では，より適用範囲が広いと考えられるミーリー型回路を学びたいと思います．ミーリー型回路は，図 8.3 のような形をしています．入力と出力があって，さらに，三つの部品

「出力関数」「状態遷移関数」「メモリ」

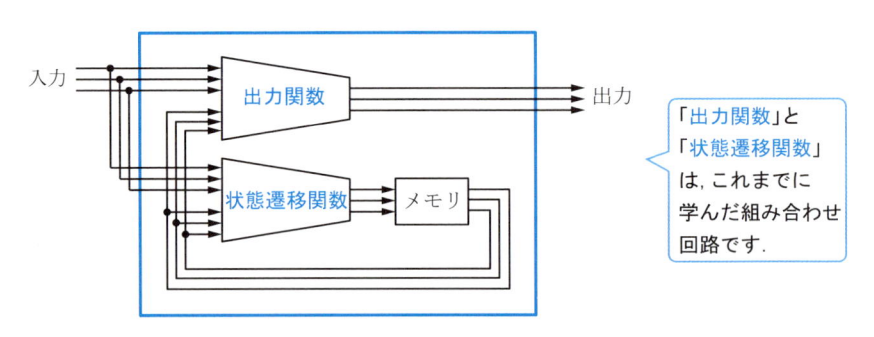

図 8.3　ミーリー型の順序回路

があります.「出力関数」は順序回路の出力を決める機能で,これは組み合わせ回路です.つまり,順序回路を作るためには,これまで学んだ組み合わせ回路の知識も必要ということです.もし,組み合わせ回路の設計に自信のない人がいたら,復習しておきましょう.「状態遷移関数」はメモリの内容を書き換える機能で,これも組み合わせ回路です.最後に,状態を覚えておくための「メモリ (記憶素子)」があります.

## 8.2 記憶のための素子

ここまで読んでみると,順序回路とはメモリをもつ回路,すなわち,

$$\text{組み合わせ回路 + メモリ}$$

なのだと気づくでしょう.実際,身近な順序回路においてもメモリは重要で,

- 信号機 ―「いま青信号? それとも赤信号?」
- 自動販売機 ―「商品・つり銭の残数」「保冷庫の設定温度」
- 自動車や家電 ―「目的地 (カーナビ)」「調理完了までの時間 (電子レンジ)」

などのように,さまざまな情報を記憶するためにメモリが使われています.

メモリは論理ゲートを使って作られています.たとえば,**SRラッチ**とよばれるメモリ[*1]は,図8.4のような構造をしています.ここでは,入力は $S$ と $R$ で,出力は $Q$ と $\overline{Q}$ です.出力側 ($Q$ と $\overline{Q}$) から入力側に戻る線が2本あるのが,特徴的ですね.SRラッチでは,入出力の対応は表8.1のようになっています ($Q$ とその否定 $\overline{Q}$ は同時に出力されます).なお,$S = 1$,$R = 0$ のときは,セット信号 $S$ が1であることから「**セット動作**」とよびます.セット動作が起こると,SRラッチ内に1が記憶されます.また,$S = 0$,$R = 1$ のときは,リセット信号 $R$ が1であることから「**リセット動作**」とよばれ,0を記憶します.$S = R = 0$ のときは,現在の記憶値をそのまま保持しま

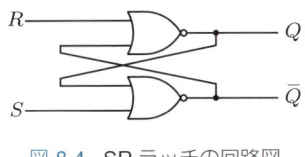

図8.4 SRラッチの回路図

表8.1 SRラッチの入出力

| 入力 | 出力 |
|---|---|
| $S = 1$, $R = 0$ | $Q = 1$, $\overline{Q} = 0$ (セット:1を記憶) |
| $S = 0$, $R = 1$ | $Q = 0$, $\overline{Q} = 1$ (リセット:0を記憶) |
| $S = 0$, $R = 0$ | 現在の記憶内容をそのまま出力 |
| $S = 1$, $R = 1$ | 使用禁止 (不安定な挙動) |

---

[*1] もっとも簡単な記憶回路で,1ビットの値を記憶できます.

**第 8 章　順序回路とは**

```
  ビット「1」を記憶・出力         ビット「0」を記憶・出力         現在の記憶値を出力
1 ─┌─ S    Q ─┐─ 1      0 ─┌─ S    Q ─┐─ 0      0 ─┌─ S    Q ─┐─ 0
   │  (1を記憶) │              │  (0を記憶) │              │  (0を記憶中)│
0 ─└─ R    Q̄ ─┘─ 0      1 ─└─ R    Q̄ ─┘─ 1      0 ─└─ R    Q̄ ─┘─ 1
    (a) セット動作              (b) リセット動作             (c) 現在の記憶値を保持
```

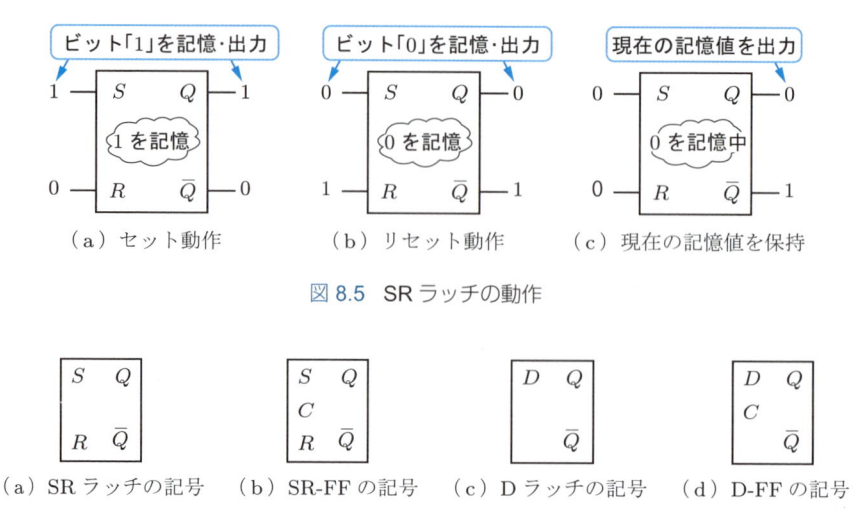

図 8.5　SR ラッチの動作

```
 ┌─ S  Q ─┐      ┌─ S  Q ─┐      ┌─ D  Q ─┐      ┌─ D  Q ─┐
 │        │      │─ C     │      │        │      │─ C     │
 └─ R  Q̄ ─┘      └─ R  Q̄ ─┘      └──── Q̄ ─┘      └──── Q̄ ─┘
 (a) SR ラッチの記号  (b) SR-FF の記号   (c) D ラッチの記号   (d) D-FF の記号
```

図 8.6　ラッチとフリップフロップ (略記法)

す．これを図で描くと，図 8.5 のようになります．また，通常は，図 8.6 (a) のような略記法を用いて SR ラッチを表現します．毎回，論理ゲートまで描くことはしません．

ラッチは構造が単純ですが，入力があまりに頻繁に変化すると，**ハザード**とよばれる現象が起きるという欠点があります．ハザードが起きると，本来「0」を出力すべきなのに「1」が出てしまったり，その逆が起きたりします．入力の頻繁な変化によってハザードが起こらないよう，回路全体で動作のタイミングをとることが大切です．そこで，ラッチに対して，タイミングをとるための特別な信号 (**クロック信号**) を導入し，クロック信号に従って状態を変化させる改良がなされました．そのような改良をしたメモリを「**フリップフロップ (FF)**」とよびます．たとえば，SR ラッチにクロック信号を加えたものが，**SR-FF** です．図 8.6 (b) に，SR-FF の略記法を示します．ここで，「$C$」とあるのが，クロック入力です．

ラッチやフリップフロップには，上記のほかにも，いくつかの種類が知られています．たとえば，**D ラッチ**は，SR ラッチの入力を一つにしたもので，入力データをある時間だけ保持し遅らせて出力するものです．D ラッチの入出力の対応は，表 8.2 で

表 8.2　D ラッチの入出力

| 入力 | 出力 |
|---|---|
| $D = 0$ | $Q = 0$, $\bar{Q} = 1$ |
| $D = 1$ | $Q = 1$, $\bar{Q} = 0$ |

す．そのフリップフロップ版 (D-FF) もあります．回路図では，図 8.6 (c) (d) のような略記法が使われます．

## 8.3　順序回路を作ってみよう

ここからは，順序回路を作ってみたいと思います．大まかな流れは，次のとおりです．

　手順 1：状態遷移図 (ミーリーグラフ) を描く
　手順 2：状態遷移表を書く
　手順 3：状態遷移表を修正する
　手順 4：「出力関数」と「状態遷移関数」の導出　(回路の簡単化なども行う)
　手順 5：フリップフロップの導入と配線

上記のうち「手順 4」は，これまでの組み合わせ回路設計の知識を使って行えます．以下では，8.1 節の最初に示した例 8.1「左右に緑と赤のランプをもつ装置」を例に，順序回路の作り方を説明します．

### 手順 1：状態遷移図 (ミーリーグラフ) を描く

まず，下記のような図を描きます．こうした図は順序回路の設計図を表しており，**状態遷移図**とよばれます．

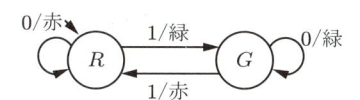

状態遷移図では，丸は回路のとりうる**状態**を表し，矢印は状態間の**遷移** (つまり，ある状態から別の状態への変化) を表しています．

状態を表す丸の中には $R$ や $G$ と書かれています．これらは，状態を区別するための名前です．どのような名前をつけてもかまわないのですが，この例では，$R$ を「赤い (Red) ランプがついている状態」を表す意味として，$G$ を「緑の (Green) ランプがついている状態」を表す意味として，それぞれ名付けました．ところで，状態 $R$ をよく見ると，左上に小さい矢印がついていますね．これは，状態遷移の実行を一番最初はここから始めなさい，という目印です．このような状態を，**初期状態**とよびます．

次に，状態遷移を表す矢印を見てみましょう．矢印の上には「$a/b$」の形をした記号 (たとえば，「1/緑」) が書かれています．これは，矢印に沿って状態遷移が行われ

るときには「$a$」という値が回路に入力され，さらに「$b$」という値が回路から出力されることを表しています．たとえば，下記の図の青太字の部分

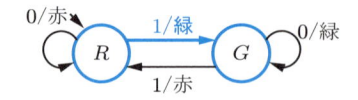

$$
\begin{array}{c}
0/\text{赤} \quad 1/\text{緑} \quad 0/\text{緑} \\
\circlearrowleft R \longleftrightarrow G \circlearrowright \\
1/\text{赤}
\end{array}
$$

は，「回路の現状態が $R$ で，スイッチ ON を表す信号 "1" が入力されると，回路の状態は $G$ に変化し，さらに緑色のランプを光らせるための信号 "緑" が出力される」ことを表します．このような，矢印の上に回路への入出力の組を書くタイプの状態遷移図を，**ミーリーグラフ**とよびます．　章末例題 8.1 (p.87) も参照

### 手順 2：状態遷移表を書く

次に，ミーリーグラフの「遷移」「入出力」の関係を次の表のようにまとめます．

| 現状態 | 次状態 |  | 出力 |  |
|---|---|---|---|---|
|  | 入力 = 0 | 入力 = 1 | 入力 = 0 | 入力 = 1 |
| $R$ | $R$ | $G$ | 赤 | 緑 |
| $G$ | $G$ | $R$ | 緑 | 赤 |

このような表を**状態遷移表**といいます．この表では，いちばん左の列が現状態を表しています．さらに左側から見て 2〜3 列目と 4〜5 列目のかたまりが，それぞれ，次状態と出力に対応しています．現状態と入力が決まると次状態と出力が決まりますので，ミーリーグラフをもとに，表を埋めていけばよいわけです．たとえば，現状態が「$R$」で入力が「1」であるときの次状態は「$G$」，出力は「緑」，といったようにです．

### 手順 3：状態遷移表を修正する

上記の状態遷移表には「$R$」「$G$」「赤」「緑」などの記号が現れていますが，回路化するには，これらを適当なゼロイチの列に変換する必要があります．たとえば，

- 状態の記号「$R$」と「$G$」を，数値「0」と「1」に変換
- 出力の記号「赤」と「緑」を，「10」と「01」に変換
    - 赤ランプが ON (1) & 緑ランプが OFF (0) $\implies$ 10
    - 赤ランプが OFF (0) & 緑ランプが ON (1) $\implies$ 01

とすると (入力の記号は もともとゼロイチなので，そのまま利用)，上の状態遷移表は，

8.3 順序回路を作ってみよう

| 現状態 | 次状態 | | 出力 | |
|---|---|---|---|---|
| | 入力 = 0 | 入力 = 1 | 入力 = 0 | 入力 = 1 |
| 0 | 0 | 1 | 10 | 01 |
| 1 | 1 | 0 | 01 | 10 |

と修正できます．すべての記号を，適当なゼロイチの列に変換しましょう．

### 手順 4：「出力関数」と「状態遷移関数」の導出

ここまで来たら，これまでに学んだ「組み合わせ回路の作り方」の知識をフル活用して，出力関数と状態遷移関数を作ってください．具体的には，次のように行います．

> (1) **出力関数**
>  ―「現状態」と「入力」の値から，「出力」の値を決める
> (2) **状態遷移関数**
>  ―「現状態」と「入力」の値から，「次状態」の値を決める

ただし1点注意ですが，出力値は2ビットありますから，それぞれのビットに対する出力関数を作ってください．ここでは，

- 現状態を $s$
- 入力を $a$

で表し，また，

- 次状態を $s'$
- 出力 (1 ビット目) を $b_1$
- 出力 (2 ビット目) を $b_2$

で表すことにします．各変数の値は，先ほどの表と照らし合わせてみると，

| 現状態 (s) | 次状態 | | 出力 | |
|---|---|---|---|---|
| | 入力 = 0 | 入力 = 1 | 入力 = 0 | 入力 = 1 |
| 0 | 0 | 1 | 10 | 01 |
| 1 | 1 | 0 | 01 | 10 |

次状態 $s'$ ／ $b_1$ (1 ビット目) ／ $b_2$ (2 ビット目) ／ 入力 $a$

のようになります．「出力」欄の 2 ビットのうち，変数 $b_1$ が左側ビットの値，$b_2$ が右側ビットの値である点に，気をつけてください．これをもとに，変数 $s$ と $a$ の値がどのようなときに変数 $s'$, $b_1$, $b_2$ が真になるかを考えながら，式を立ててみましょう．その結果，$s'$, $b_1$, $b_2$ は，$s$ と $a$ を使って

$$\begin{cases} s' = \overline{s} \cdot a + s \cdot \overline{a} \\ b_1 = \overline{s} \cdot \overline{a} + s \cdot a \\ b_2 = \overline{s} \cdot a + s \cdot \overline{a} \end{cases}$$

と表せます．ちなみに，$s'$ と $b_2$ はまったく同じ式なので，回路を共用可能です．回路図を描いてみると，図 8.7 のようになります．なお，図 8.7 中にも示してありますが，このあとの「手順 5」において，端子 $s$ と $s'$ は，D-FF の入出力につながれます．

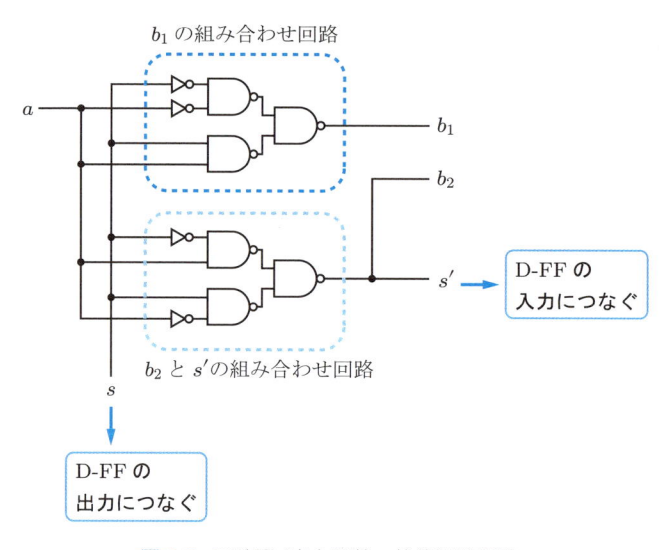

図 8.7　回路図 (出力関数・状態遷移関数)

### 手順 5：フリップフロップの導入と配線

最後に，図 8.7 の回路にフリップフロップを導入して，順序回路を完成させましょう．順序回路の「メモリ」部は，フリップフロップの集まりです．1 個のフリップフロップで，1 ビットのデータを記憶することができます (したがって，$n$ ビット覚える必要があれば，フリップフロップも $n$ 個必要)．今回は，1 個の D-FF を使うことにします．

フリップフロップを導入する際のポイントを，以下に記します．

(1) メモリ (D-FF) の入力に，状態遷移関数の出力をつなぐ
(2) 出力関数や状態遷移関数の入力に，D-FF の出力をつなぐ
(3) クロック信号 (本書では，記号 $CL$ で表す) を D-FF のクロック入力につなぐ

とくに (3) は忘れがちなので，ご注意を．今回の例では，
- 図 8.7 の $s'$ (フリップフロップの次状態での値を表す) を，D-FF の入力へ
- 図 8.7 の $s$ (フリップフロップがもつ現状態の値を表す) を，D-FF の出力へ

といった要領で，それぞれつなぎます．完成した回路は，図 8.8 のとおりです．順序回路，うまく設計できましたか？

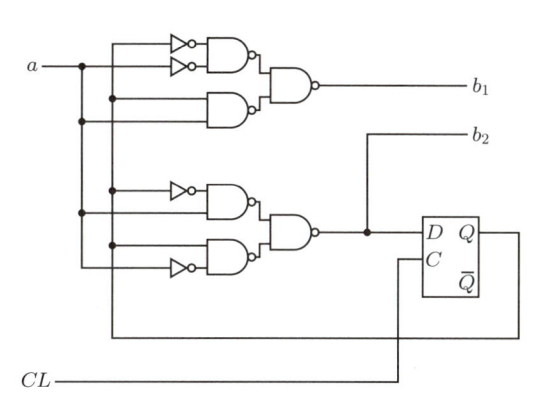

図 8.8　順序回路の完成

## 章 末 例 題

8.1　次のミーリーグラフを描きなさい．
- 状態：「0」「1」「2」
- 初期状態：状態「0」
- 入力：0 または 1
- 出力：遷移先の状態が「$n$」のとき $n$ を出力
- 遷移：
    — 入力 = 0：状態はそのまま
    — 入力 = 1：状態「$n$」から状態「$(n+1) \bmod 3$」に移る
    (ただし「$x \bmod y$」は $x$ を $y$ で割った余り)

**解** ミーリーグラフは，以下のとおり．

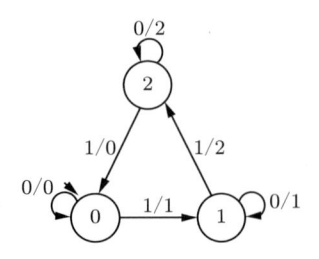

## 演習問題

簡易的な「警報器」のような装置を作りたい．この装置は，次の要件を満たすものとする．
- 装置への入力は，0 または 1 とする．
- 装置の出力にはブザーがつながっており，音を鳴らすことができる．装置からの出力が 0 のときはブザーは鳴らず，出力が 1 のときはブザーが鳴る．
- 最初は，ブザー音は鳴っていない状態とする．
- ブザー音が鳴っていない状態で 0 が入力されても変化なし（音は鳴っていないまま）だが，1 が入力されると，ブザー音を鳴らし始める．
- ブザーが鳴っている状態になったら，入力にかかわらず，そのままブザー音を鳴らし続ける．
- ブザー停止等の処理については，考えなくてもよいものとする．

**問 8.1** この警報装置の設計図を，ミーリーグラフとして表しなさい．なお，状態の数はできるだけ少なくしなさい．本問については，「音が鳴っている状態」「音が鳴っていない状態」の 2 状態を考えれば十分である．

**問 8.2** 問 8.1 の結果をもとに，出力関数と状態遷移関数を求め，回路化しなさい．ここでは，NAND ゲートを使わない形で回路を作りなさい．

**問 8.3** 問 8.2 の結果をもとに，順序回路を作りなさい．D-FF を使うこと．

**問 8.4** 問 8.3 の順序回路に手を加え，NAND ゲートによる回路を作りなさい．なお，一部の NOT ゲートについては，D-FF の出力 $\overline{Q}$ を使うことで省略可能である．できるだけ少ない個数のゲートで回路を完成させなさい．

# 第9章
# 順序回路の設計

　本章では，前章で学んだ内容をもとに，より複雑な順序回路を作ってみましょう．ここでは，ものを数える回路 (カウンタ) と，簡易的な自動販売機の制御回路を作ってみたいと思います．カウンタは「いま，いくつまで数えているか」を覚えなければなりませんし，自動販売機は「コインが何枚投入されているか」といった情報を記憶しないといけないので，これらは立派な順序回路です．本章ではさらに，順序回路が与えられたときに，それに対応する設計図であるミーリーグラフをどのように求めるか，その変換方法を紹介します．

## 9.1　カウンタ

　まずは，「3進カウンタ」の順序回路を作ってみましょう．これは，0〜2の値を

$$0 \to 1 \to 2 \to 0 \to 1 \to 2 \to 0 \to 1 \to 2 \to \ldots$$

のようにカウントし続けます．回路への入力は0または1で，入力が1のときに保持する値を増やす (ただし，値が2ならば0に戻す) とします．実は，第8章の章末例題8.1で描いたミーリーグラフ (下図) が，3進カウンタの設計図になっています．

---
**3進カウンタ**

(状態 0, 1, 2 からなるミーリーグラフ：0/0 のループ，0 →1/1→ 1，1 →1/2→ 2，2 →1/0→ 0，2 のループ 0/2，1 のループ 0/1)

---

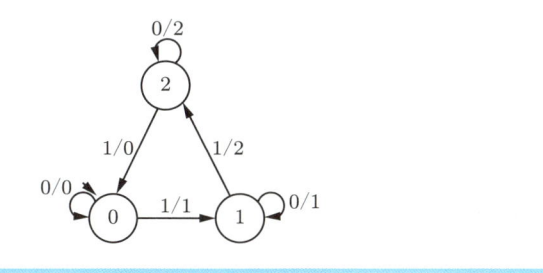

　このミーリーグラフに対応する状態遷移表を，8.3節の「手順2：状態遷移表を書く」を思い出しながら作ってみると，

| 現状態 | 次状態 |  | 出力 |  |
|---|---|---|---|---|
|  | 入力 = 0 | 入力 = 1 | 入力 = 0 | 入力 = 1 |
| 0 | 0 | 1 | 0 | 1 |
| 1 | 1 | 2 | 1 | 2 |
| 2 | 2 | 0 | 2 | 0 |

と書けます．ここで，8.3 節で作った状態遷移表よりも行数が 1 行分だけ増えている (3 行分ある) ことに注意しましょう．これは，8.3 節の例では状態が「$R$」と「$G$」の二つだったのに対し，今回の例では「0」「1」「2」の 3 状態があるためです．

さて，この状態遷移表では状態・出力を表す記号として「0」「1」「2」を使っていますが，8.3 節の「手順 3：状態遷移表を修正する」のところで述べましたように，これらの記号をゼロイチの列 (ビット列) に変換する必要があります．今回は，

- 0 ⟶ 00
- 1 ⟶ 01
- 2 ⟶ 10

のように，ビット列に変換することにしましょう．一方で，入力を表す記号は「0」と「1」の 2 種類しかありませんから，今回はそのまま利用するものとします．状態・出力を表す記号「0」「1」「2」をビット列「00」「01」「10」に変換することで，先ほどの表を

| 現状態 | 次状態 |  | 出力 |  |
|---|---|---|---|---|
|  | 入力 = 0 | 入力 = 1 | 入力 = 0 | 入力 = 1 |
| 00 | 00 | 01 | 00 | 01 |
| 01 | 01 | 10 | 01 | 10 |
| 10 | 10 | 00 | 10 | 00 |

という状態遷移表に書き直します．

次に，上の状態遷移表をもとに，出力関数と状態遷移関数を導きます (8.3 節の「手順 4」を思い出してください)．今回は出力関数・状態遷移関数ともに，出力は 2 ビットです．したがって，状態や出力を表す変数は，1 ビット目 (左側のビット) と 2 ビット目 (右側のビット) のそれぞれを表せるように，

## 9.1 カウンタ

| 次状態 (1 ビット目) | $s_1'$ |
| --- | --- |
| 次状態 (2 ビット目) | $s_2'$ |
| 出力 (1 ビット目) | $y_1$ |
| 出力 (2 ビット目) | $y_2$ |

のような形で，二つ用意しておきます．また，現状態の 1 ビット目を $s_1$，現状態の 2 ビット目を $s_2$，入力 (1 ビットの値) を $x$ で表すことにすると，各論理式は

- 次状態 (1 ビット目)：$s_1' = s_1 \bar{s}_2 \bar{x} + \bar{s}_1 s_2 x$
- 次状態 (2 ビット目)：$s_2' = \bar{s}_1 s_2 \bar{x} + \bar{s}_1 \bar{s}_2 x$
- 出力 (1 ビット目)：$y_1 = s_1'$
- 出力 (2 ビット目)：$y_2 = s_2'$

となります (今回はたまたま，状態遷移関数と出力関数が同じ論理式になりました)．

ここで，論理式の簡単化を試みましょう．まず $s_1'$ のカルノー図を描いてみると，

| $x$ \ $s_1 s_2$ | 0 0 | 0 1 | 1 1 | 1 0 |
| --- | --- | --- | --- | --- |
| 0 |  |  |  | 1 |
| 1 |  | 1 |  |  |

です．一方で，$s_2'$ のカルノー図は

| $x$ \ $s_1 s_2$ | 0 0 | 0 1 | 1 1 | 1 0 |
| --- | --- | --- | --- | --- |
| 0 |  | 1 |  |  |
| 1 | 1 |  |  |  |

となります．これらのカルノー図を見ると，$s_1', s_2'$ はともに，簡単化できないことがわかります[*1]．上記をもとに，$s_1', s_2', y_1, y_2$ を回路図として描いてみると，

---

[*1] ただし，$s_1 = s_2 = 1$ の場合をドントケアと考えて $s_1'$ を簡単化したり，排他的論理和を使って $s_2' = \bar{s}_1 \cdot (s_2 \oplus x)$ とする簡単化ができそうです．今回はそうした簡単化はせずに進めます．

# 第 9 章　順序回路の設計

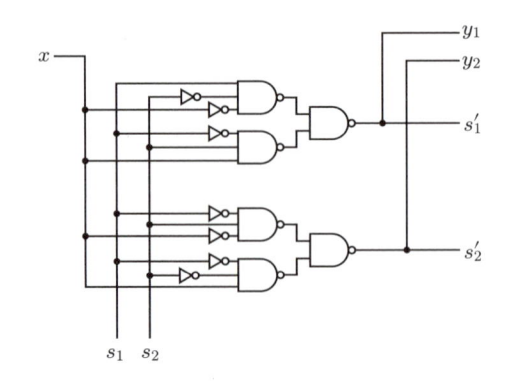

となります．さらに，8.3 節の「手順 5」と同様にしてフリップフロップ (D-FF) を導入すれば，最終的な回路図 (図 9.1) のできあがり．ただし，フリップフロップ導入の際には注意点があります．それは，

- 状態は 2 ビットなので，D-FF も 2 個必要であること
- クロック信号 ($CL$) を導入すること

の 2 点です．とくに，クロック発生源 ($CL$) は回路全体で一つのみです．クロック発生源から，二つの D-FF のクロック入力に分岐させて配線してください．

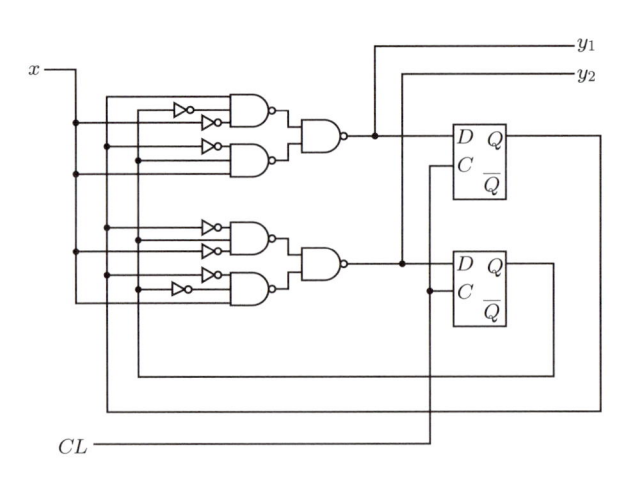

図 9.1　3 進カウンタの回路図

## 9.2 自動販売機

もう一つ，順序回路を作ってみましょう．簡易版の自動販売機を設計してみます．

> **例 9.1**　200 円の入場券を販売する自動販売機を作れ．これは次の要件を満たすものとする．
> (1) この自動販売機は 100 円硬貨のみ受け付ける
>   　(10 円，50 円，500 円などは考慮しなくてよい)．
> (2) 200 円を投入した時点で，自動的に入場券が発券される．
> (3) 100 円投入時に「返却」ボタンを押すと，100 円が返却される．

まず，この自動販売機を表すミーリーグラフを作ります．状態名や入出力を表す信号を，次のように決めておきましょう．

- 状態：「0」= 0 円投入済．「1」= 100 円投入済．
- 入力：「100 円投入信号」と「返却ボタン信号」の列．
    - 例：「01」── 新たな 100 円玉の投入はなし．返却ボタンは押されている．
- 出力：「発券信号」と「100 円返却信号」の列．
    - 例：「10」── 発券中である．100 円返却はしない．

これをもとに自動販売機のミーリーグラフを描いてみたのが，図 9.2 です．

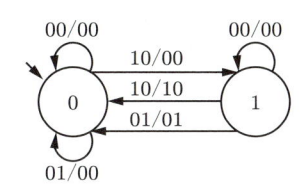

図 9.2　自動販売機のミーリーグラフ

このミーリーグラフをもとに，状態遷移表を作ってみましょう．今回は，入力が「00」「01」「10」の 3 種類ですから，表は

| 現状態 | 次状態 00 | 次状態 01 | 次状態 10 | 出力 00 | 出力 01 | 出力 10 |
|---|---|---|---|---|---|---|
| 0 | 0 | 0 | 1 | 00 | 00 | 00 |
| 1 | 1 | 0 | 0 | 00 | 01 | 10 |

のようになります (なお，これまでの状態遷移表では「入力 =」と書いていましたが，今回は省略しています)．ここで，状態を $s$ とし，入力を $x_1, x_2$ ($x_1$ が「100 円投入信号」で，$x_2$ が「返却ボタン信号」) とすると，次状態と出力は

- 次状態：$s' = \overline{s}x_1\overline{x}_2 + s\overline{x}_1\overline{x}_2$
- 出力 (発券信号)：$y_{\text{ticket}} = sx_1\overline{x}_2$
- 出力 (100 円返却信号)：$y_{\text{money}} = s\overline{x}_1x_2$

と書けます．

ここで，カルノー図を描いてみます．今回の回路では入力「11」がないので，この値をドントケアと考えることにします．すると，$s' = \overline{s}x_1\overline{x}_2 + s\overline{x}_1\overline{x}_2$ は

| s \ $x_1$ $x_2$ | 0 0 | 0 1 | 1 1 | 1 0 |
|---|---|---|---|---|
| 0 |  |  | X | 1 |
| 1 | 1 |  | X |  |

より，$s' = s\overline{x}_1\overline{x}_2 + \overline{s}x_1$ と簡単化されます．次に，$y_{\text{ticket}} = sx_1\overline{x}_2$ を考えてみると，

| s \ $x_1$ $x_2$ | 0 0 | 0 1 | 1 1 | 1 0 |
|---|---|---|---|---|
| 0 |  |  | X |  |
| 1 |  |  | X | 1 |

より $y_{\text{ticket}} = sx_1$ となります．また，$y_{\text{money}} = s\overline{x}_1x_2$ は

| s \ $x_1$ $x_2$ | 0 0 | 0 1 | 1 1 | 1 0 |
|---|---|---|---|---|
| 0 |  |  | X |  |
| 1 |  | 1 | X |  |

ですから $y_{\text{money}} = sx_2$ と簡単化できます．

上記の式をもとに，フリップフロップをもたない回路図を作ってみます．できあがった回路図は

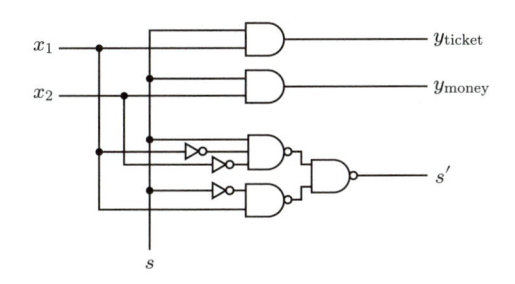

です．さらにフリップフロップを導入すれば，図 9.3 の回路図が得られます．

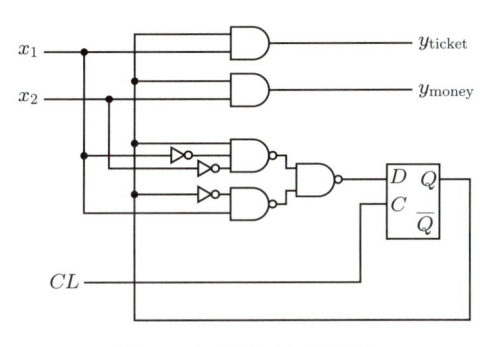

図 9.3　自動販売機の回路図

## 9.3　順序回路の解析

本章では，8.3 節で学んだ手順をもとに，二つの例に対して順序回路を導きました．つまり，ミーリーグラフをもとに，順序回路を作ってきたことになります．

実は，8.3 節の手順を逆向きに行うことで，順序回路からミーリーグラフを導き，**回路の解析**に役立てることができます．具体的には，以下のようにします．

> [1] 対象とする順序回路が，$l$ 個の入力，$m$ 個の出力，および $n$ 個のフリップフロップをもつとする．また，以下のように定めておく．
> - $I_1, \ldots, I_l$：回路への各入力
> - $O_1, \ldots, O_m$：回路の各出力
> - $S_1, \ldots, S_n$：各フリップフロップの現状態
> - $S'_1, \ldots, S'_n$：各フリップフロップの次状態
>
> [2] 回路図中の各フリップフロップに対する入出力を見て，次のフリップフロップの状態 $S'_1, \ldots, S'_n$ が現状態 $S_1, \ldots, S_n$ と入力 $I_1, \ldots, I_l$ からどのように

定まるかを考え，式として表す．出力 $O_1,\ldots,O_m$ についても，同様に式を立てる．
[3] [2] で導いた式から，状態遷移表を作る．
[4] 状態遷移表から，さらにミーリーグラフを描く．

この手順に沿って，順序回路からミーリーグラフへの変換をやってみましょう．ここでは題材として，図 9.4 の回路を扱ってみます．この場合では「入力」「出力」「フリップフロップ」の数はすべて 1 (つまり，$l = m = n = 1$) なので，使う文字は「$I_1$」「$O_1$」「$S_1$」「$S_1'$」です (これらの文字がどの信号に対応するか明示するため，図 9.4 にも文字を書き込んであります)．この図から，文字 $S_1'$ と $O_1$ が，文字 $S_1$ と $I_1$ を使ってどう表せるかを考えますと，

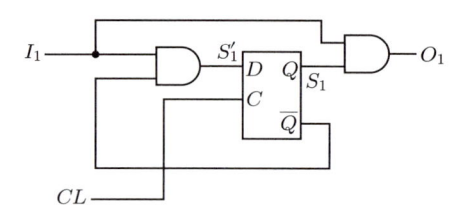

図 9.4 ミーリーグラフに変換したい順序回路

$$\begin{cases} S_1' = I_1 \cdot \overline{S_1} \\ O_1 = I_1 \cdot S_1 \end{cases}$$

が成り立つとわかります．また，これらの式をもとに状態遷移表を作れば，次の表のようになります．

| 現状態 $S_1$ | 次状態 $S_1'$ ||  出力 $O_1$ ||
| --- | --- | --- | --- | --- |
|  | 入力 $I_1=0$ | 入力 $I_1=1$ | 入力 $I_1=0$ | 入力 $I_1=1$ |
| 0 | $0 (= 0 \cdot \overline{0})$ | $1 (= 1 \cdot \overline{0})$ | $0 (= 0 \cdot 0)$ | $0 (= 1 \cdot 0)$ |
| 1 | $0 (= 0 \cdot \overline{1})$ | $0 (= 1 \cdot \overline{1})$ | $0 (= 0 \cdot 1)$ | $1 (= 1 \cdot 1)$ |

なお，今回はフリップフロップが 1 個しかないので，とりうる状態の数 (つまり，状態遷移表の行数) は，高々 2 個 ($= 2^1$ 個) です．フリップフロップの数が増えてくると，状態遷移表の行数が増えてくることに気をつけましょう．上記の状態遷移表をもとに，図 9.5 のミーリーグラフが得られます (章末例題 9.1 (p.97) も参照)．これを解析することで，もとの順序回路の意味を検討できます．

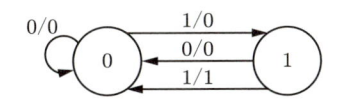

図 9.5  得られたミーリーグラフ (図 9.4 の順序回路に対応)

最後に，第 8～9 章の順序回路をミーリーグラフに戻してみるのは，よい練習になります（ ➡ 章末例題 9.2(p.98) も参照）．がんばって，やってみましょう．

## 章　末　例　題

9.1 (**ミーリーグラフから順序回路を作る**)  9.3 節で正しいミーリーグラフが得られたか，確認してみよう．図 9.5 を出発点として，第 8 章で学んだ変換方法に沿って，順序回路に戻してみなさい．ただし，初期状態はとくに定めない．

**解**  まず最初に，図 9.5 をもとにして状態遷移表を作ると，

| 現状態 | 次状態 |  | 出力 |  |
|---|---|---|---|---|
|  | 入力 = 0 | 入力 = 1 | 入力 = 0 | 入力 = 1 |
| 0 | 0 | 1 | 0 | 0 |
| 1 | 0 | 0 | 0 | 1 |

である．さらに，現状態を $s$ とし入力を $x$ とするとき，次状態は $s' = \overline{s} \cdot x$ と，出力は $y = s \cdot x$ と書ける．これを回路図で表したものが，

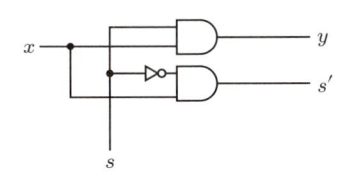

である．さらに，D-FF を加えて順序回路を構成すれば，図 (a) が得られ，これが求める回路図である．ただし，D-FF の出力 $\overline{Q}$ を使って，図 (b) のようにすれば（これは，図 9.4 と同じ回路である），NOT ゲートをさらに 1 個節約できる．

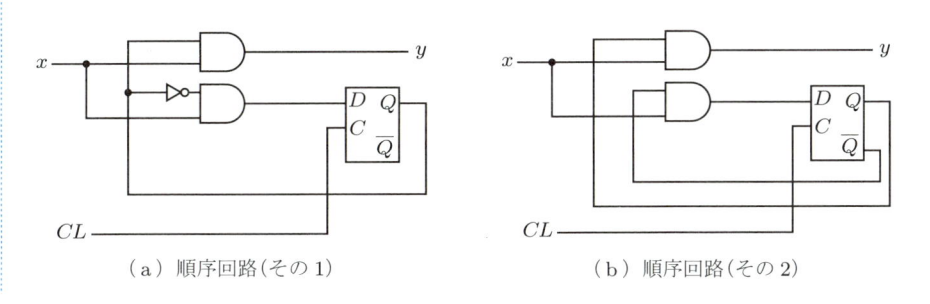

（a）順序回路(その 1)　　　　　　（b）順序回路(その 2)

## 第 9 章 順序回路の設計

**9.2 (順序回路の解析)** 9.1 節の 3 進カウンタの順序回路を出発点にして，9.3 節の手順に沿って，ミーリーグラフを求めてみなさい．なお，3 進カウンタの状態は 00 (「0」に対応)，01 (「1」に対応)，および 10 (「2」に対応) の三つだが，解析をする際には未使用の状態「11」も扱うことになる．状態「11」も含めた形で，ミーリーグラフを描いてみなさい．

**解** 得られるミーリーグラフは，図 (a) である (もちろん，記号「00」「01」「10」を「0」「1」「2」などに置き換えてもよい)．

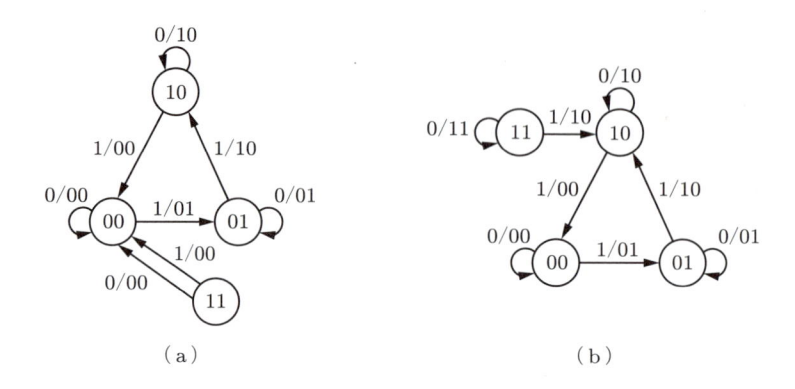

（a）　　　　　　　　　　　（b）

ところで，9.1 節の説明ではドントケア項 ($s_1 = s_2 = 1$ の場合) を考慮せずに回路を作ったが，もしドントケア項を扱うことにして，$s_1'$ や $s_2'$ の式を

$$\begin{cases} s_1' = s_1 \overline{x} + s_2 x \\ s_2' = s_2 \overline{x} + \overline{s_1}\, \overline{s_2} x \end{cases}$$

と簡単化して作った順序回路を出発点にするならば，得られるミーリーグラフは図 (b) となる．

### 演 習 問 題

**問 9.1** 次のような順序回路を作りなさい．
- 状態「0」「1」「2」「3」をもつ．また，「0」を初期状態とする．
- 入力と出力は，ともに「0」または「1」．
- 状態「$n$」($n = 0, 1, 2, 3$) で「0」が入力されたときは，「0」を出力して，状態「$n$」へ遷移．
- 状態「$n$」($n = 0, 1, 2$) で「1」が入力されたときは，「0」を出力して，状態「$n+1$」へ遷移．
- 状態「3」で「1」が入力されたときは，「1」を出力して，状態「0」へ遷移．
- 上記以外の状態，入出力，および遷移はない．

**問 9.2** 9.1 節では「3 進カウンタ」を作った．同じような考え方で，5 進カウンタの順序回路を作りなさい．状態をビット列に変換する際は，

- 0 ⟶ 000
- 1 ⟶ 001
- 2 ⟶ 010
- 3 ⟶ 011
- 4 ⟶ 100

のように考えることとする．

# 第10章
# さまざまな論理回路 ── 組み合わせ回路編

前章までに，基本的な論理回路 (組み合わせ回路，順序回路) をいくつか紹介してきましたが，ほかにも，さまざまな回路があります．本章では，とくに重要度が高いと思われる組み合わせ回路を紹介したいと思います．

## 10.1　マルチプレクサ

**マルチプレクサ** (**データセレクタ**ともよばれます) は，もっともよく使われる組み合わせ回路の一つです．これは，複数の入力

$$I_0, \ldots, I_{2^n-1}$$

から，一つを選んで出力するという機能の回路です (ただし，$n \geq 0$ とする)．ただし，どの入力 $I_i$ が実際に選ばれるかは，**選択信号** $S_{n-1}, \ldots, S_0$ とよぶ $n$ 個のビット列の内容により決まります．具体的には，$S_{n-1} \cdots S_0$ を 2 進数とみなしたときの値を $i$ とするとき，信号 $I_i$ が選ばれます．たとえば，$n=2$ で $S_1 S_0 = 11$ だとしましょう．第 1 章の 1.1 節より，2 進数の「11」は 10 進数の「3」です．これより，入力 $I_3$ がマルチプレクサの出力 $F$ として選ばれます．図 10.1 に，$n=2$ のときのマルチプレクサの回路を示します．この回路図を見て入出力の対応を確認してみると，マルチプレクサの動作に関する理解が深まることでしょう．　章末例題 10.1 (p.106) も参照

4 入力のマルチプレクサ (**4-MUX** とよびます) を図 10.2 のような部品として考え，さらにいくつかを組み合わせると，より多くの入力をもつマルチプレクサを作ることができます．図 10.3 を見てください．これは，入力 $X_0, \ldots, X_{15}$ と選択信号 $S_0, \ldots, S_3$ をもつ，16 入力のマルチプレクサ (**16-MUX**) を表しています．ここでは，4-MUX を 5 個，組み合わせて使っています[*1]．

---

[*1] 図 10.3 の回路図で，5 個の 4-MUX を詳細まで描くとしたら，回路図がたいへんややこしくなってしまいます．そこで，ここでは図 10.2 に示すような略記法を使って，回路を表しています．

図 10.1　マルチプレクサ

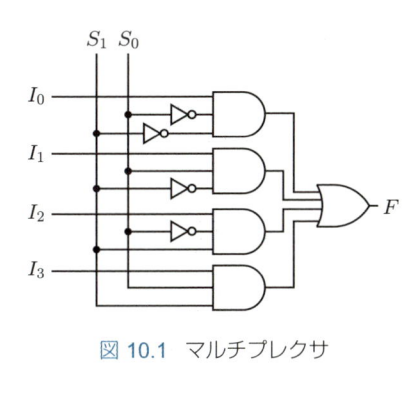

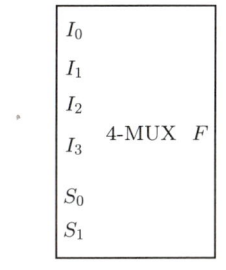

図 10.2　マルチプレクサ (略記)

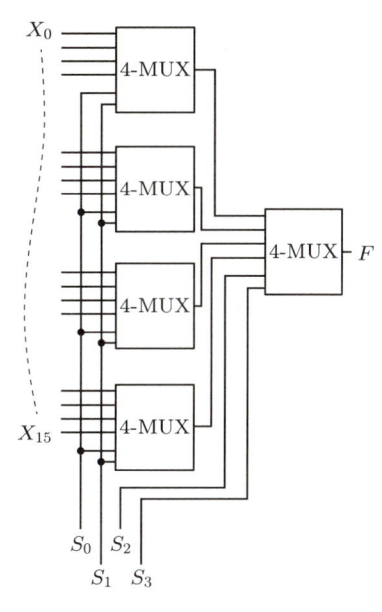

図 10.3　16 入力のマルチプレクサ

## 10.2　デマルチプレクサ

マルチプレクサの逆の処理をする，**デマルチプレクサ**という回路があります．これは，「1 本の入力 $I$ を，選択信号 $S_0, \ldots, S_{n-1}$ によって振り分けて出力する」という回路です．図 10.4 に回路図 ($n = 2$ のとき) を示しますので，入出力の対応を確認してみてください．動作に関する理解が深まることでしょう．

章末例題 10.2 (p.106) も参照

## 10.3　デコーダ

次に，**デコーダ**という回路を紹介します．デコーダの機能は，

番号 $i$ を 2 進数 $n$ 桁で入力し，その番号に対応する出力線 $Y_i$ に 1 を出力する

というものです．デコーダの回路図を図 10.5 に示します．ここで，$n$ 桁の 2 進数は入力信号 $D_{n-1} \cdots D_0$ で表されており，図 10.5 は $n = 2$ のときの回路図になっていま

第 10 章　さまざまな論理回路 ── 組み合わせ回路編

図 10.4　デマルチプレクサ

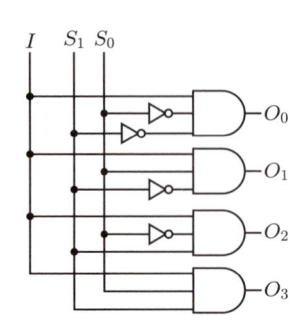

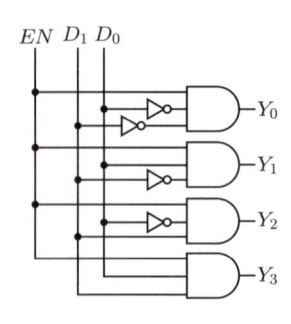

図 10.5　デコーダ

す．また，信号 $EN$ は「イネーブル入力」といって，信号 $EN$ が ON のときデコーダ回路は**イネーブル** (enable, 利用可能) になります．つまり，

- $EN = 1$ のとき：デコーダ回路の動作をする
- $EN = 0$ のとき：どの $Y_i$ の出力も 0

となります．

　ところで，上記では「デマルチプレクサ」と「デコーダ」の図を並べて描いてみました．これを見ると，両者が「まったく同じ回路図」であることに，すぐに気がつくことでしょう．デマルチプレクサとデコーダは，同じ回路を，別の機能という側面から眺めてみたものだといえます．

## 10.4　エンコーダ

　デコーダの逆の処理をする回路として，**エンコーダ**があります．エンコーダは，

　　　　　ON になった入力を，2 進数にコード化して出力する

というものです．表 10.1 は，「4 進 2 進エンコーダ」というエンコーダ回路の真理値表です．

表 10.1　4 進 2 進エンコーダの真理値表

| $X_0$ | $X_1$ | $X_2$ | $X_3$ | $Y_1$ | $Y_0$ |
|---|---|---|---|---|---|
| 1 | 0 | 0 | 0 | 0 | 0 |
| 0 | 1 | 0 | 0 | 0 | 1 |
| 0 | 0 | 1 | 0 | 1 | 0 |
| 0 | 0 | 0 | 1 | 1 | 1 |

ただし，この表では

- 入力：$X_0, X_1, X_2, X_3$
- 出力：$Y_0, Y_1$

としており，$Y_1 Y_0$ を 2 進数とみなすことにします．表 10.1 の真理値表を読み取って，「$X_0$〜$X_3$ のどれかから入力を受け，その信号名を 2 進数に変換する」というエンコーダの機能を理解してください．

なお，この回路は簡単に作れます．　⇒ 章末例題 10.3 (p.107) も参照

## 10.5 高速な加算器

最後に「加算器」を紹介します．すでに第 6 章で基本的な加算器 (桁上げ伝搬加算器) を紹介していますが，ここでは**桁上げ先見加算器**とよばれる別の種類の加算器を紹介したいと思います．

桁上げ伝搬加算器は，ちょうど人が手で (筆算で) 計算するときのように，下の桁から順に計算していく仕組みの回路でした．この回路は動作を理解しやすいという特長がありますが，「下の桁から順に計算する」という特性上，桁数が増えると演算時間がかかってしまうという問題があります．実際，桁上げ伝搬加算器の方式では，第 $i$ 桁目を計算する全加算器 (図 10.6) は，「より下位の桁を計算する加算器たち」が桁上げ $C_i$ を求め終わるまで，演算の実行を開始できません．

このことを考えてみると，より下位の桁の加算器たちに頼らずに自前で「桁上げの値」を求められれば，少し高速化できることに気づきます．そこで，桁上げの値がどのように計算できるか，式を書いて考えてみましょう．加算器に入力する二つの値の

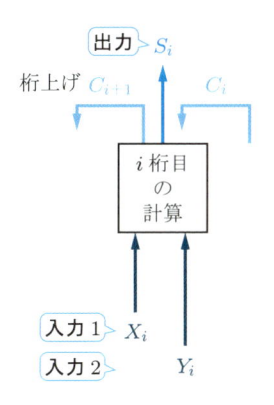

図 10.6　全加算器 (FA)

第 $i$ 桁目をそれぞれ $X_i, Y_i$ $(i \geq 0)$ とし，さらに下の桁からの桁上げを $C_i$ とします (図 10.6 も参考に)．このとき，次の桁への桁上げ $C_{i+1}$ は，漸化式を使って

$$C_{i+1} = (X_i \cdot Y_i) + ((X_i + Y_i) \cdot C_i) \tag{10.1}$$

と書けます．なぜ，このような式になるのかは，図 10.6 を眺めながら考えてみましょう[*1]（ 章末例題 10.4 (p.107) も参照）．ちなみに，この漸化式をそのまま実装したのが，全加算器 (FA) の「桁上げ」の部分ということになります．一度，全加算器回路の「桁上げ計算部」（第 6 章の図 6.6 で示した回路図）を見て，実際に $C_{i+1}$ を出力する回路になっていることを確認してみるといいでしょう．

さてここで，式 (10.1) の $X_i \cdot Y_i$ を $G_i$ とおき，$X_i + Y_i$ を $P_i$ とおいてみます．すると，

$$C_{i+1} = G_i + P_i \cdot C_i \tag{10.2}$$

と書けます．さらに，この漸化式 (10.2) を展開すると，

$$\begin{aligned}
C_{i+1} = &G_i \\
&+ P_i \cdot G_{i-1} \\
&+ P_i \cdot P_{i-1} \cdot G_{i-2} \\
&\quad \vdots \\
&+ P_i \cdot P_{i-1} \cdot P_{i-2} \cdots P_2 \cdot P_1 \cdot G_0 \\
&+ P_i \cdot P_{i-1} \cdot P_{i-2} \cdots P_2 \cdot P_1 \cdot P_0 \cdot C_0
\end{aligned} \tag{10.3}$$

となります．これは，最後の $C_0$ をのぞき，$G_0, \ldots, G_i$ と $P_0, \ldots, P_i$ のみを使った式です．$G_i$ と $P_i$ は $X_i$ と $Y_i$ のみから計算できますから，展開後の式 (10.3) では，途中の $C_1, \ldots, C_i$ の計算に頼らずに，自前で桁上げ $C_{i+1}$ を計算できていることになります．

あとは，上記の式を回路として実装してみましょう．簡単化のために，3 ビット入力に限定して考えます．二つの 3 ビットの値

$$X_2 X_1 X_0 \quad \text{および} \quad Y_2 Y_1 Y_0$$

を加算する桁上げ先見加算器を作ります．まず，式 (10.3) を 3 ビット用に具体化すると，

---

[*1] $X_i, Y_i, C_i$ を入力，$C_{i+1}$ を出力とする真理値表を作って考えてみるといいでしょう．ちなみに，式 (10.1) の $C_{i+1}$ は，$(X_i \cdot Y_i) + (X_i \cdot C_i) + (Y_i \cdot C_i)$ と同等です．

$$\begin{cases} C_1 = G_0 + P_0 \cdot C_0 \\ C_2 = G_1 + P_1 \cdot G_0 + P_1 \cdot P_0 \cdot C_0 \\ C_3 = G_2 + P_2 \cdot G_1 + P_2 \cdot P_1 \cdot G_0 + P_2 \cdot P_1 \cdot P_0 \cdot C_0 \end{cases} \tag{10.4}$$

と書けます．ここで，話を少しだけ簡単にするため，以下の説明では $C_0 = 0$ と仮定します．この仮定は，最下位ビットの足し算を半加算器 (HA) で行うことに対応しています[*1]．この場合，上記の式は

$$\begin{cases} C_1 = G_0 \\ C_2 = G_1 + P_1 \cdot G_0 \\ C_3 = G_2 + P_2 \cdot G_1 + P_2 \cdot P_1 \cdot G_0 \end{cases} \tag{10.5}$$

と簡単化できます．一方，各桁の出力 $S_i$ $(i = 0, 1, 2)$ を表す式は，排他的論理和 $\oplus$ を用いて

$$S_i = X_i \oplus Y_i \oplus C_i \tag{10.6}$$

と書けます．ここまできたら，上記の式をすべて回路図として描くことで，桁上げ先見加算器を作れるはずです．式 (10.5) と式 (10.6) をもとに回路化してください[*2]．完成した 3 ビット桁上げ先見加算器の回路図は，**図 10.7** のとおりです．

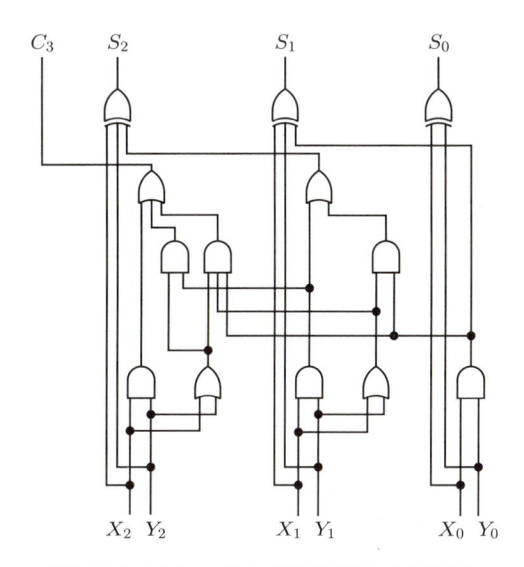

**図 10.7** 3 ビット桁上げ先見加算器の回路図

---

[*1] 半加算器というのは，全加算器の下の桁からの桁上がりを「0」に具体化したものとみなせます．
[*2] 回路化の際は，簡単化のため，3 入力の排他的論理和ゲートを使ってかまいません．

# 第 10 章 さまざまな論理回路 ── 組み合わせ回路編

なお，本節では変数 $C_0$ の値を 0 に具体化して回路図を描きました．そのような具体化を行わずに，式 (10.4) をそのまま使った回路化も可能です．章末例題をやってみましょう． ● 章末例題 10.5 (p.107) も参照

## 章 末 例 題

**10.1 (マルチプレクサの入出力の対応)** マルチプレクサの回路図 (図 10.1) を見て，入出力の対応を表にまとめなさい．ただし，$a, b, c, d$ は 0 または 1 を表す変数である．たとえば，表の 1 行目は，$S_1 = S_0 = 0$ のとき，入力信号 $I_0$ の内容 $a$ がそのまま出力 $F$ の値となることを表す．表の 2 行目以降も埋めなさい．

| $S_1$ | $S_0$ | $I_0$ | $I_1$ | $I_2$ | $I_3$ | $F$ |
|---|---|---|---|---|---|---|
| 0 | 0 | $a$ | $b$ | $c$ | $d$ | $a$ |
| 0 | 1 | $a$ | $b$ | $c$ | $d$ | |
| 1 | 0 | $a$ | $b$ | $c$ | $d$ | |
| 1 | 1 | $a$ | $b$ | $c$ | $d$ | |

**解** マルチプレクサの特性は，以下のとおり．

| $S_1$ | $S_0$ | $I_0$ | $I_1$ | $I_2$ | $I_3$ | $F$ |
|---|---|---|---|---|---|---|
| 0 | 0 | $a$ | $b$ | $c$ | $d$ | $a$ |
| 0 | 1 | $a$ | $b$ | $c$ | $d$ | $b$ |
| 1 | 0 | $a$ | $b$ | $c$ | $d$ | $c$ |
| 1 | 1 | $a$ | $b$ | $c$ | $d$ | $d$ |

**10.2 (デマルチプレクサの入出力の対応)** デマルチプレクサの回路図 (図 10.4) を見て，入出力の対応を表にまとめなさい．ただし，$a$ は 0 または 1 とする．

| $S_1$ | $S_0$ | $I$ | $O_0$ | $O_1$ | $O_2$ | $O_3$ |
|---|---|---|---|---|---|---|
| 0 | 0 | $a$ | | | | |
| 0 | 1 | $a$ | | | | |
| 1 | 0 | $a$ | | | | |
| 1 | 1 | $a$ | | | | |

**解** デマルチプレクサの特性は，以下のとおり．

| $S_1$ | $S_0$ | $I$ | $O_0$ | $O_1$ | $O_2$ | $O_3$ |
|---|---|---|---|---|---|---|
| 0 | 0 | $a$ | $a$ | 0 | 0 | 0 |
| 0 | 1 | $a$ | 0 | $a$ | 0 | 0 |
| 1 | 0 | $a$ | 0 | 0 | $a$ | 0 |
| 1 | 1 | $a$ | 0 | 0 | 0 | $a$ |

10.3 (**エンコーダの回路図**) 表 10.1 の真理値表をもとに，エンコーダの回路を作りなさい．ただし，$X_0,\ldots,X_3$ が入力，$Y_0,Y_1$ が出力である．なお，表 10.1 の真理値表に示した入力以外は未定義 (ドントケア) と考えて，回路を作りなさい．

ヒント 出力 $Y_0,Y_1$ に対応するカルノー図を描き，簡単化した論理式を求めて回路化しよう．実は，入力 $X_0$ は不要である．

解 エンコーダの回路図は，以下のとおり．

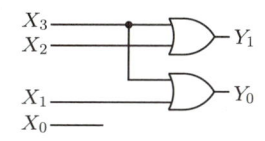

10.4 (**桁上げ先見加算器の式について**) 式 (10.1) を見て，$C_{i+1}$ が真 (1) になるのがどのような場合か，説明しなさい．また，どのような場合に $C_{i+1}$ が偽 (0) になるのかも，説明しなさい．

解 式 $C_{i+1} = (X_i \cdot Y_i) + ((X_i + Y_i) \cdot C_i)$ は，
$$C_{i+1} = (X_i \cdot Y_i) + (X_i \cdot C_i) + (Y_i \cdot C_i)$$
と変形できる (真理値表を書けば，両者の同等性は容易に確認可能)．これより，
「$X_i, Y_i, C_i$ のうち，二つ以上が真 (1)」
のとき，$C_{i+1}$ が真 (1) といえる．また，$C_{i+1}$ が偽 (0) になるのは，
「$X_i, Y_i, C_i$ のうち，真 (1) が一つ以下のとき」
である．

10.5 (**桁上げ先見加算器**) 本文中では，式 (10.4) 中の変数 $C_0$ の値を「$C_0 = 0$」と具体化して回路を設計した．そのような具体化を行わず，式 (10.4) をそのまま使って回路を作りなさい．回路の入出力は，以下のとおりである．

- 入力：3 ビットのビット列 $X_2X_1X_0$，$Y_2Y_1Y_0$ および $C_0$．
- 出力：2 進数 $X_2X_1X_0$，$Y_2Y_1Y_0$ および $C_0$ の和 $C_3S_2S_1S_0$．

解 回路図は，以下のとおり．

## 第 10 章　さまざまな論理回路 —— 組み合わせ回路編

（回路図：入力 $X_2 Y_2$, $X_1 Y_1$, $X_0 Y_0 C_0$、出力 $C_3$, $S_2$, $S_1$, $S_0$）

---

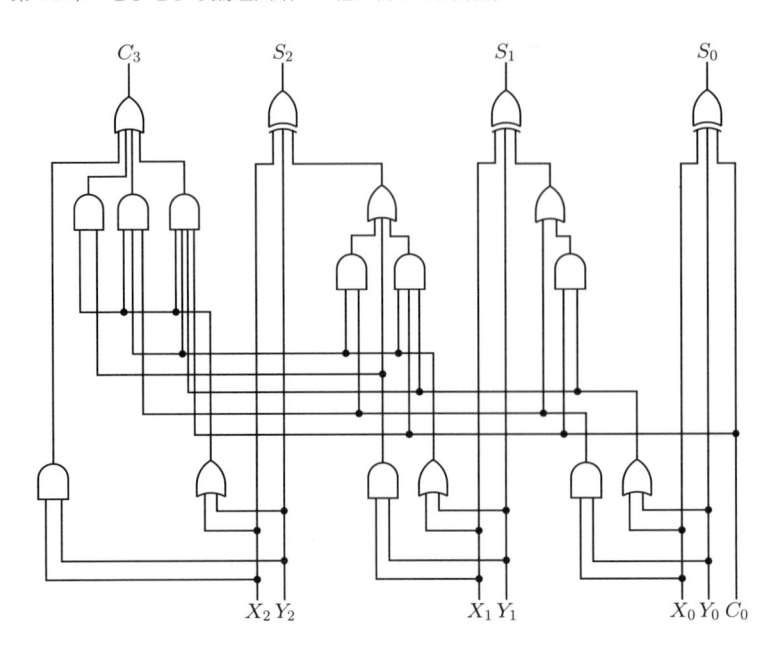

### 演 習 問 題

**問 10.1**　日常において負の数を表現する際には，「− (マイナス)」という特別な記号を使って符号を表す．しかし，コンピュータで扱える記号は「0」「1」の2種類のみで，そのような特別な記号「−」を使うことはできない．そこで，コンピュータで符号付きの整数を表現する際には，「2 の補数表現」という数値の表現法を使うのが一般的である．2 の補数表現による負の値の表現に関して，以下がいえる．

- たとえば 4 ビットの範囲では，2 の補数表現で表せる数値の範囲は以下の表のとおり．表現できる数値の範囲は「−8〜7」で，16 通りの値を表せる．

| 10 進数 | 2 進数 (2 の補数表現) |
| --- | --- |
| 0 | 0000 |
| 1 | 0001 |
| 2 | 0010 |
| 3 | 0011 |
| 4 | 0100 |
| 5 | 0101 |
| 6 | 0110 |
| 7 | 0111 |

| 10 進数 | 2 進数 (2 の補数表現) |
| --- | --- |
| −8 | 1000 |
| −7 | 1001 |
| −6 | 1010 |
| −5 | 1011 |
| −4 | 1100 |
| −3 | 1101 |
| −2 | 1110 |
| −1 | 1111 |

演習問題

- ビット列の最上位ビット (一番左側のビット) が「1」のときは負の数を表し，「0」のときは 0 または正の数を表す．
- ビット列 $x$ が表す値の符号を反転するには，以下を順に行えばよい．

> [1] ビット列 $x$ の各ビットをすべて反転する (結果となるビット列を $\overline{x}$ と書く)．
>   (a) たとえば，$x = 0010$ (10 進数の「+2」) ならば，$\overline{x} = 1101$．
>   (b) たとえば，$x = 0000$ (10 進数の「0」) では，$\overline{x} = 1111$．
> [2] $\overline{x}$ を 2 進数とみなして，1 を加える (ただし，たとえば 4 ビットの場合で桁上がりして 5 桁になってしまったら，下 4 桁のみを残す)．
>   (a) $\overline{x} = 1101$ の場合では，$\overline{x} + 1 = 1101 + 1 = 1110$ (上記の表から「-2」に対応)．
>   (b) $\overline{x} = 1111$ の場合では，これに 1 を加えた結果は 10000 となり，下 4 桁を残せば 0000 が得られる (これは「0」に対応)．

この説明と p.70 の問 6.1 の結果 (4 ビットの 2 進数に 1 を加える回路) を参考に，入出力が

- 入力：4 桁の (2 の補数表現による符号付き) 2 進数 $X_4 X_3 X_2 X_1$
- 出力：2 進数 $X_4 X_3 X_2 X_1$ の正負を反転した結果 $Y_4 Y_3 Y_2 Y_1$

となるような回路を作りなさい．

**問 10.2** 章末例題 10.5 の回路 (2 進数 $X_2 X_1 X_0$, $Y_2 Y_1 Y_0$ と $C_0$ の和 $C_3 S_2 S_1 S_0$ の計算) を下の図で表すとする．

```
┌─────────────┐
│ X_2      C_3│
│ X_1      S_2│
│ X_0      S_1│
│          S_0│
│ Y_2         │
│ Y_1         │
│ Y_0         │
│             │
│ C_0         │
└─────────────┘
```

このとき，下の図の「回路その 1」と「回路その 2」はどのような処理を行うか．問 10.1 中の説明も参考にして答えなさい．なお，「回路その 1」の入出力は

- 入力：3 ビットで表される 2 進数 $A_2 A_1 A_0$ および $B_2 B_1 B_0$
- 出力：3 ビットで表される 2 進数 $R_2 R_1 R_0$

で ($C_0$ には常に 1 が入力されるとする)．「回路その 2」については

- 入力：3 ビットで表される 2 進数 $A_2 A_1 A_0$, $B_2 B_1 B_0$ および信号 $SA$

# 第 10 章 さまざまな論理回路 — 組み合わせ回路編

- 出力：3 ビットで表される 2 進数 $R_2R_1R_0$ である．

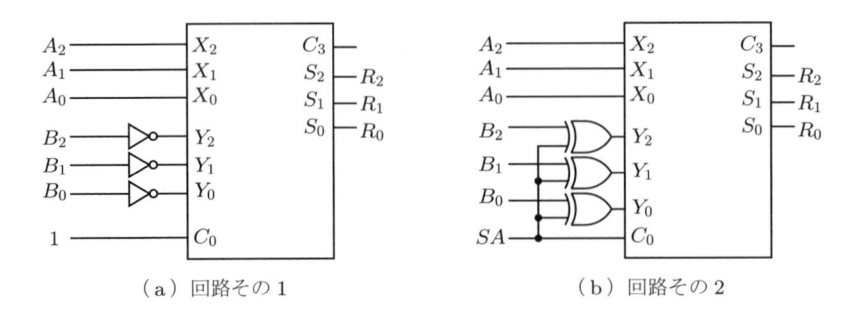

（a）回路その 1

（b）回路その 2

# 第11章

## さまざまな論理回路——順序回路編

前章ではさまざまな組み合わせ回路を紹介しましたが，本章では順序回路について，より詳しく見ていきましょう．まず，時間の経過とともに順序回路の内部状態がどのように変化するかを表す図 (タイミングチャート) を紹介します．さらに，第9章でも紹介したカウンタの回路を，少し別の形にして再度紹介します．

### 11.1 タイミングチャートによる状態の図示

ラッチやフリップフロップは，1ビットで表現される「状態」を記憶する素子でした．記憶状態は時間とともに移り変わっていくわけですが，そのようすを**タイミングチャート**という図を使って描くことができます．例として，SR ラッチのタイミングチャートを示します．

> **例 11.1** (SR ラッチのタイミングチャート)　図の波形 (デコボコ) の低い所が 0 (電圧の低い所)，高い所が 1 (電圧の高い所) にあたります．SR ラッチなので，$S$ と $R$ が入力信号，$Q$ が出力信号です．また，横方向 (左から右) は，時間の流れを表します．たとえば入力信号 $S$ は，時間を追って「$0 \to 1 \to 0 \to 1$」と変化します．

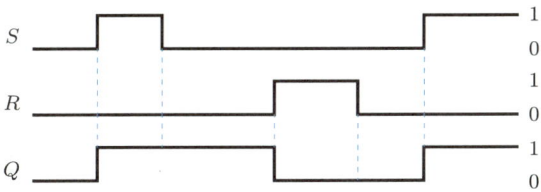

上記のタイミングチャートを見て，SR ラッチの入出力特性

- $S=1, R=0$：セット (1 を記憶)
- $S=0, R=1$：リセット (0 を記憶)
- $S=0, R=0$：現在の記憶内容をそのまま出力

- $S=1, R=1$：使用しない

のとおりであることを，時間を追って確認してみましょう．以下のようになります．

[1] 一番最初の段階 (この説明では，最初，SR ラッチに「0」が記憶されているとします)．入力 $S$ と $R$，出力 $Q$ は，すべて 0 です．

```
                    S ___
                    R ___
                    Q ___
```

[2] 下記の図の時刻 ① を過ぎると，$S$ の値が 1 (波形でいうと，高い位置) になります．$S=1, R=0$ より，セット動作で「1」が記憶され，$Q$ の値は「1」になります．

```
                    S __⌐‾
                    R _____
                    Q __⌐‾
                        ①
```

[3] さらに時刻が進み，② を経過した段階．$S$ の値が「0」に戻され，$S=R=0$ となります．出力 $Q$ は，現時点の SR ラッチの記憶値である「1」のままです．

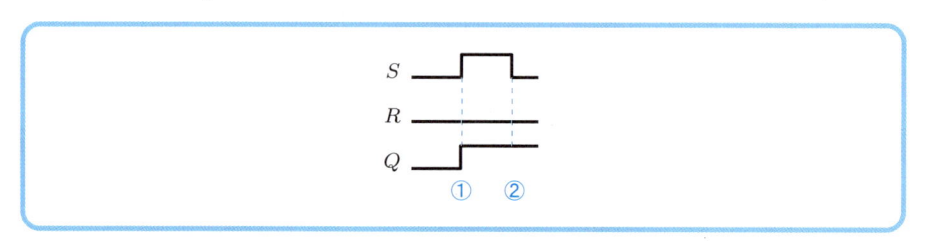

```
                    S __⌐‾‾⌐__
                    R _____
                    Q __⌐‾‾‾‾‾
                       ①  ②
```

[4] 時刻 ③ を過ぎると，$S$ の値は 0 のままですが，今度は $R$ の値が 1 に変化します．$S=0, R=1$ のとき，リセット動作が行われますので，記憶値 (出力 $Q$ の値) は「0」になります．

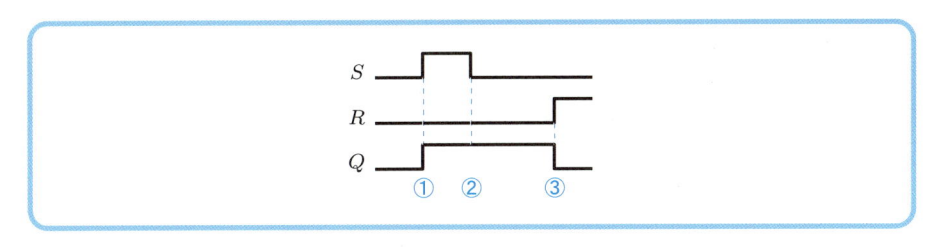

[5] 時刻 ④ の段階．ここでは，$R = 0$ に切り替わります．$S = R = 0$ なので，現在の記憶値「0」を出力し続けます．

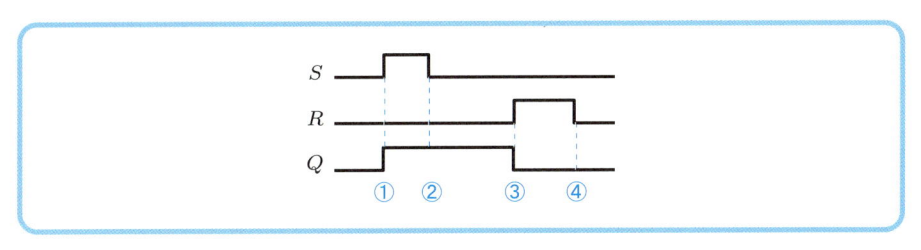

[6] 最後に，時刻 ⑤ の直後です．一時 $S = 0$ となっていた入力 $S$ の値が，ふたたび「1」になりました．$S = 1$, $R = 0$ より，セット動作が行われて記憶値・出力 $Q$ の値は「1」になります．

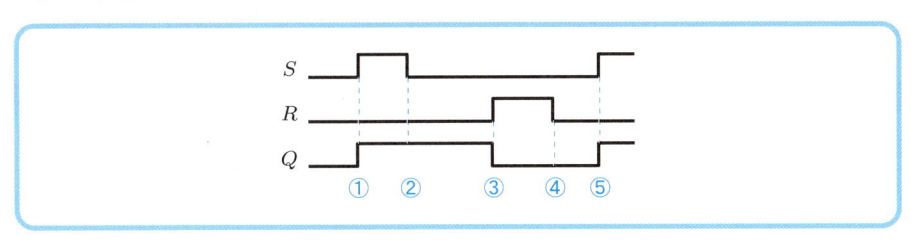

## 11.2 入出力の遅延とフリップフロップ

例 11.1 のタイミングチャートでは，入力の値が変化するのとまったく同時に，出力も変化していました．しかし実際の回路では，入出力の間には若干の**遅延**が発生しています．たとえば，D ラッチのタイミングチャートを考えてみると，以下の例 11.2 の図にあるようになっています．

> **例 11.2** (D ラッチのタイミングチャート)　$D$ が入力，$Q$ が出力です．
>
> [タイミングチャート: D と Q の波形]

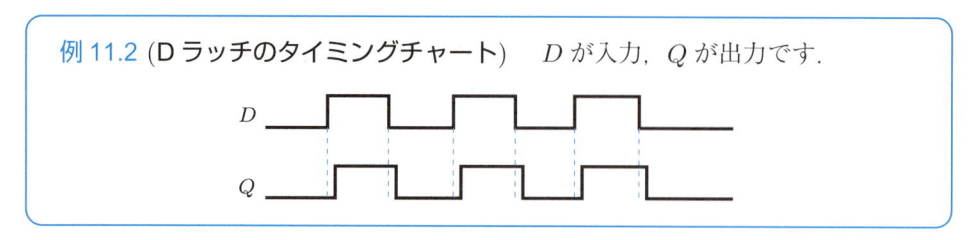

たしかに，入力 $D$ に対して，出力 $Q$ は少し遅れています．

入力 $D$ の「ゼロイチの切り替え」が頻繁でない場合は問題ないのですが，この切り替えが短期間に何度も起こると，出力 $Q$ におかしな値が出てくることがあります．たとえば，ずっと「0」を出力し続けなければいけないのに一時的に「1」が出てしまったり，その逆が起きたり，ということが起こります．このような現象を**ハザード**とよびます．ハザードの発生は，論理回路全体の動作に影響を及ぼすこともあるので，よろしくありません．

8.2 節でもふれましたが，フリップフロップを使うとハザードの影響を回避することができます．それでは，D-FF のタイミングチャートはどうなっているのでしょうか？　次の例を見てみましょう．

> **例 11.3** (D-FF のタイミングチャート)　$C$ はクロック，$D$ が入力，$Q$ が出力です．
>
> [タイミングチャート: C, D, Q の波形]

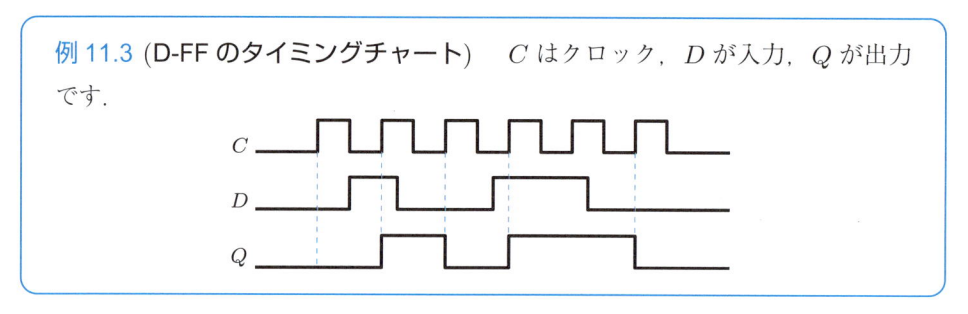

この D-FF のタイミングチャートを見て気づいたと思いますが，

　　フリップフロップを使っても，

　　「入力 $D$ の値の変化が，即座に出力 $Q$ に反映されるようになる」

　　わけではない (つまり，遅延がなくなるわけではない)

という点には，注意をしましょう．実際には，クロック $C$ が「立ち上がる (0 から 1 になる)」瞬間に，$D$ の値が $Q$ に反映されます．実は，どのようなタイミングで $D$ の値が $Q$ に反映されるかは，フリップフロップの実現方式によって違います．ここで，主な実現方式を簡単に紹介しておきます．

(1) 単純なフリップフロップ (ラッチ＋クロック入力)
　　— 同一クロックで何度も値が変わると，不具合が起こることが知られている．
(2) マスタスレーブ型フリップフロップ
　　— 二つのフリップフロップをつないで作る．安定動作するが，回路の遅延に関する制限がある．
(3) エッジトリガ型フリップフロップ
　　— 遅延設計の点などで，もっとも優れたフリップフロップ．クロック信号のエッジ立ち上がり時 (0 から 1 になるとき)/立ち下がり時 (1 から 0 になるとき) に，値の更新が行われる．立ち上がり/立ち下がり動作の違いにより，図 11.1 のように描き分ける．

　　（a）クロックの立ち上がり　　　（b）クロックの立ち下がり
　　　　時に動作する D-FF　　　　　　時に動作する D-FF

図 11.1　エッジトリガ型のフリップフロップ

例 11.3 のタイミングチャートは，「(クロック立ち上がり時に動作するタイプの) エッジトリガ型 D-FF」のものですね．以下では，エッジトリガ型のフリップフロップで説明を進めます．

## 11.3　カウンタふたたび

第 9 章で簡単なカウンタ回路を作ってみましたが，実は，カウンタを実現する回路には，さまざまなものがあります．ここでは，4 進カウンタ (0〜3 までカウントし，また 0 に戻るカウンタ) を例に，いくつかの回路を紹介したいと思います．ちなみに，

00 → 01 → 10 → 11

が，4 進カウンタの状態遷移を表しています．

エッジトリガ型 D-FF (立ち上がり時に動作) を使った回路図を，次に示します．これは，2 桁の 2 進数 $Y_H Y_L$ を出力する回路です ($Y_H$ が上位，$Y_L$ が下位の桁を表す)．

## 4進カウンタ (非同期版)

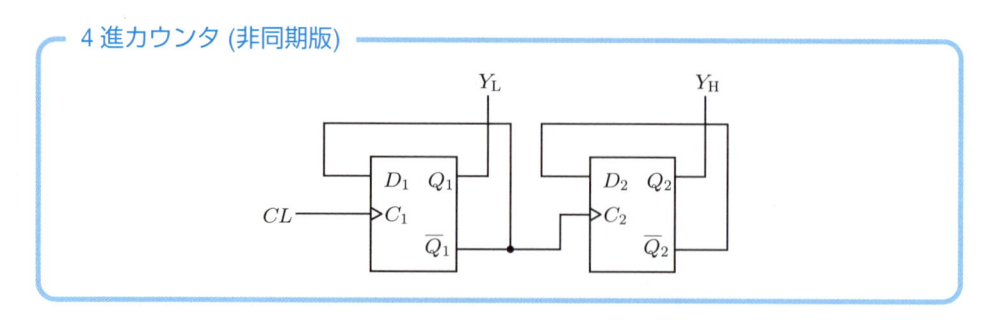

この回路図を見て、「なぜ、これで4進カウンタになるのだろう？」と思った人もいることでしょう。そんな人は、下記にタイミングチャートを描いておきますから、回路図とあわせて動作を追ってみてください。「クロック信号への立ち上がり」の場所が一目でわかるように、$CL$ と $\overline{Q}_1$ のところ[*1]に矢印をつけておきます。

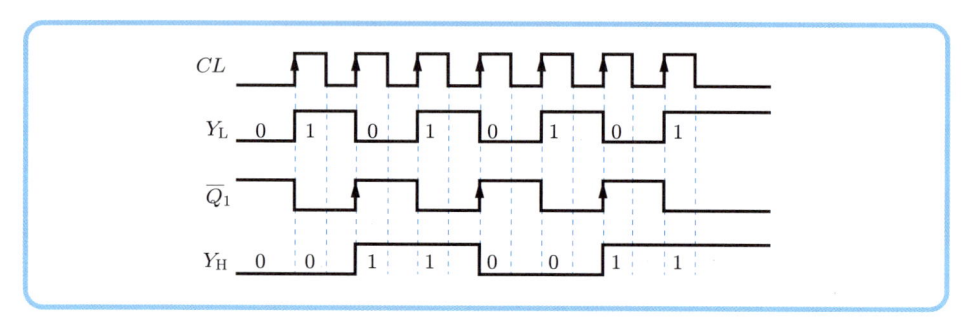

ところで、実は先ほど紹介した回路は「非同期式カウンタ回路」とよばれています[*2]。「非同期式」があれば、もちろん「同期式」のカウンタ回路も存在します。そこで次に、同期式のカウンタ回路を紹介します。

---

[*1] $\overline{Q}_1$ は、クロック $C_2$ への入力信号として使われているので、矢印をつけておきました。
[*2] クロック信号は使われているものの、各 D-FF が唯一のクロック信号に従うわけではないので、非同期式です。実際、4進カウンタ (非同期版) の図の左側の D-FF のクロック入力 $C_1$ には信号 $CL$ が入りますが、右側の D-FF はそうなっていません (クロック入力 $C_2$ には、信号 $\overline{Q}_1$ が入る)。なお、扱うビット数の多いカウンタになると、非同期式では処理の遅延が大きくなります。

## 4進カウンタ (同期版)

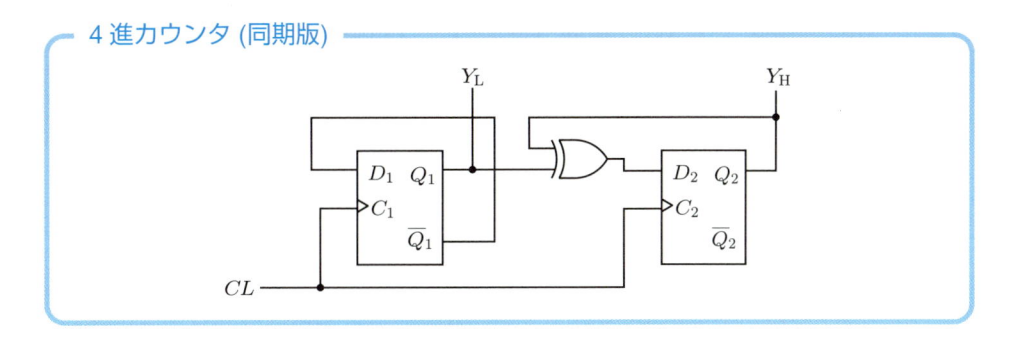

D-FFを二つ使っている点は非同期版と同じで，とくに1段目 ($Y_L$ 側) の回路部分は非同期式とまったく同じものになっています．一方，非同期式と同期式では，2段目のD-FFへの入力 ($D_2$ およびクロック入力 $C_2$) が異なります．

2段目のD-FFの入力 $D_2$ では，排他的論理和ゲートが使われています．なぜ，このゲートが必要なのでしょうか？ これは，次の表を書いてみると理解できます．

| (現時刻での)$Y_H$ | (現時刻での)$Y_L$ | 次の時刻での $Y_H$ (つまり $D_2$ への入力値) | 次の時刻での $Y_L$ |
|---|---|---|---|
| 0 | 0 | 0 | 1 |
| 0 | 1 | 1 | 0 |
| 1 | 0 | 1 | 1 |
| 1 | 1 | 0 | 0 |

この表を見ると，現時刻での $Y_H$ と $Y_L$ の値が同じときは $D_2$ に入力すべき値は0となり，異なるときは1となっています．さらに，$Y_H \oplus Y_L$ の真理値表は，

| (現時刻での)$Y_H$ | (現時刻での)$Y_L$ | $Y_H \oplus Y_L$ |
|---|---|---|
| 0 | 0 | 0 |
| 0 | 1 | 1 |
| 1 | 0 | 1 |
| 1 | 1 | 0 |

です．「$D_2$ への入力値」と「$Y_H \oplus Y_L$」の真理値が完全に一致するので，入力 $D_2$ の直前に $Y_H \oplus Y_L$ を計算する排他的論理和ゲートをおいたのです．理解をより深めるには，タイミングチャートも描いてみるとよいでしょう．

▶ 章末例題 11.1 (p.119) も参照

## 11.4 JK-フリップフロップを使ったカウンタ回路

最後に，JK-フリップフロップ (JK-FF) を使ったカウンタを紹介します．JK-FF (図 11.2) というのは SR-FF の改良版で，表 11.1 のような特性をもつフリップフロップです*1．

表 11.1 JK-FF の入出力

| 入力 | 出力 |
| --- | --- |
| $J=1, K=0$ | $Q=1, \overline{Q}=0$ (セット：1 を記憶) |
| $J=0, K=1$ | $Q=0, \overline{Q}=1$ (リセット：0 を記憶) |
| $J=0, K=0$ | 現在の記憶内容をそのまま出力 |
| $J=1, K=1$ | 保持ビットの反転 |

図 11.2 JK-FF (略記法)

ここでは，SR-FF で禁止されていた入力「$J=1, K=1$ ($S=1, R=1$ に対応)」が許されていて，保持ビットの反転として働くように改良されています．エッジトリガ型 JK-FF (立ち下がり時に動作) を使った 4 進カウンタの回路図を，下記に示します．この回路は非同期版です．

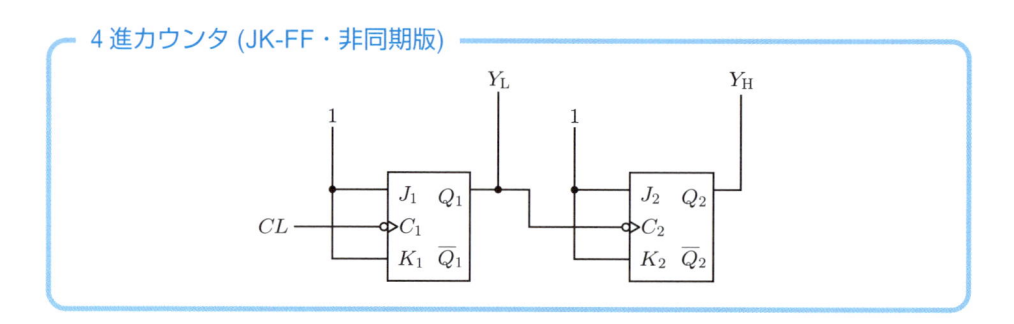

**4 進カウンタ (JK-FF・非同期版)**

これまでの例と同様，JK-FF は二つ使われています．どちらの JK-FF も入力は $J=1, K=1$ ですので，クロックの立ち下がり時に出力が反転します．動作を追うために，タイミングチャートも見てください．今回の回路は，「クロック立ち下がり時」の動作なので，ご注意を．

---

*1 ちなみに JK ラッチというものはありません．また，JK-FF の名前は，Jack (入力 J) と King (入力 K) が Queen (出力 Q) の気持ち (0, 1) を奪い合うかのような動作をするというたとえ話に由来するそうです．

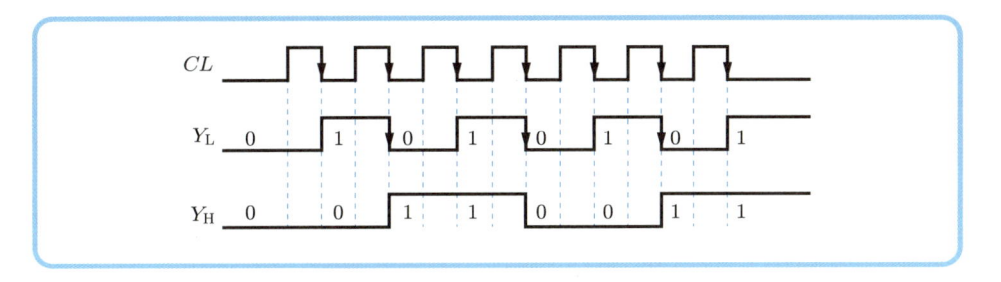

ここまでで，いくつかの順序回路 (カウンタ) を紹介してきましたが，タイミングチャートなどは，若干の慣れが必要です．難しいものではありませんので，あせらず，着実にマスターしていってください．

## 章 末 例 題

**11.1** (**D-FFを使った同期版4進カウンタのタイミングチャート**)　11.3節の「D-FFを使った同期版4進カウンタ」に関するタイミングチャートを次の図に描きなさい．

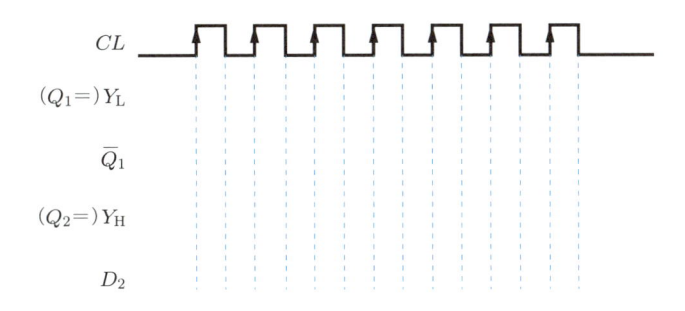

**解**　以下のとおり．

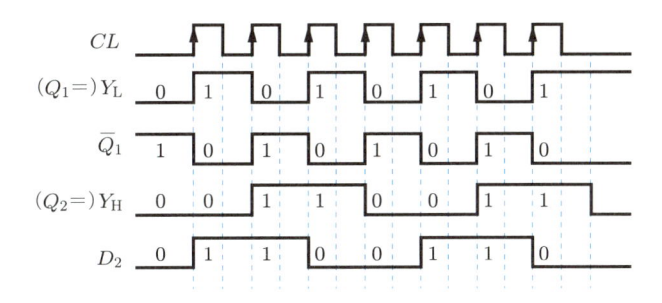

**11.2** (**3進カウンタの設計**)　9.1節では3進カウンタの回路を作ったが，4進同期カウンタの回路をもとにして，

## 第11章 さまざまな論理回路——順序回路編

4進同期カウンタの出力が「2」になったとき，次のクロックですべての
フリップフロップの値を0にする

としても，3進カウンタが作れることに気づく．上記の考え方に基づいて，3進カウンタを作りなさい．

**解** 二つのフリップフロップを用いた左下の図を出発点に，回路を作っていくことにする．現在の $Y_H Y_L$ の値 (つまり $Q_2 Q_1$ の値) と次のクロックでの $Y_H Y_L$ の値 (つまり $D_2 D_1$ の値) の関係は，右下の表のように書ける．

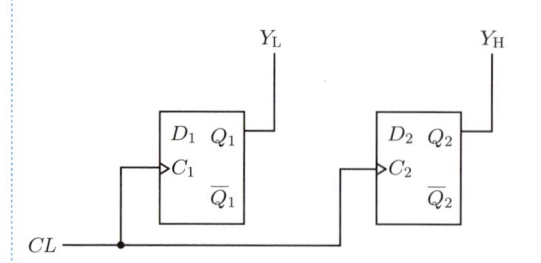

| $Q_2$ | $Q_1$ | $D_2$ | $D_1$ |
|---|---|---|---|
| 0 | 0 | 0 | 1 |
| 0 | 1 | 1 | 0 |
| 1 | 0 | 0 | 0 |

この真理値表をもとにカルノー図を描く (ただし，$Q_1 = Q_2 = 1$ の場合についてはドントケア項として扱う)．$D_1$ および $D_2$ のカルノー図は，

となり，それぞれ $D_1 = \overline{Q_1} \cdot \overline{Q_2}$ および $D_2 = Q_1$ と書ける．以上より，回路図は以下のとおりとなる．

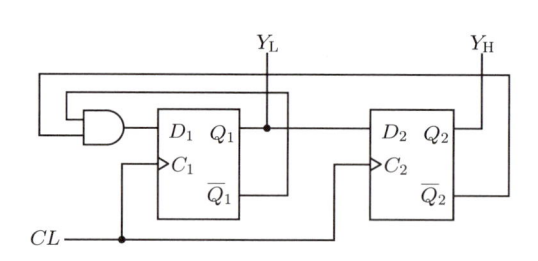

## 演 習 問 題

**問 11.1** 4進ダウンカウンタ (3〜0 まで減らしながらカウントし, また 3 に戻る)

$$11 \to 10 \to 01 \to 00$$

を作りたい. 下記の回路図にいくらか描き足すことで, 非同期版の回路ができることがわかっている (本文中と同様に, $Y_H$ が上の桁, $Y_L$ が下の桁を表すとする).

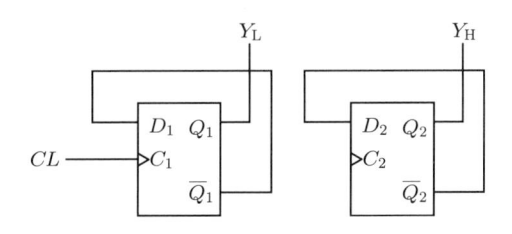

時間とともに出力 $Y_H Y_L$ や左側のフリップフロップの出力 $Q_1$ がどのように変化すべきかを考え, 次の図にタイミングチャートとして表しなさい.

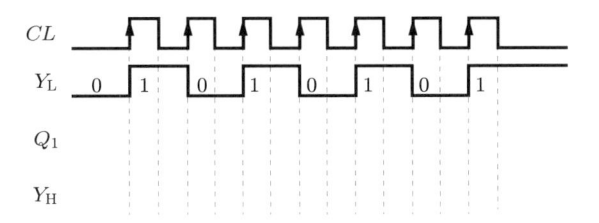

**問 11.2** 問 11.1 で一部を示した 4 進ダウンカウンタの回路図を完成させなさい.

**問 11.3** 同期版の 4 進ダウンカウンタを, D-FF を使って作りなさい.

# 第12章
# HDLによる論理回路設計

これまでの説明や演習では，規模の小さい論理回路を手作業で設計しました．しかし，実際の開発現場で扱われる回路の規模は，どんどん大きくなってきています．たとえば，（これは，極端な例え話かもしれませんが）CPU を設計するとなると，手作業ではとても間に合いません．

実際の回路設計の現場では，開発ツールを使って回路を設計し，実装を行っています．ここでは，そのあたりのお話 (の，はじめの部分) をしたいと思います．

## 12.1 回路記号を使わない論理設計手法

これまでの演習を通じて，皆さんは，下の図のような論理回路を作ってきました．

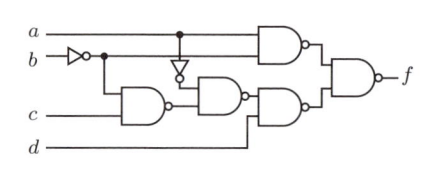

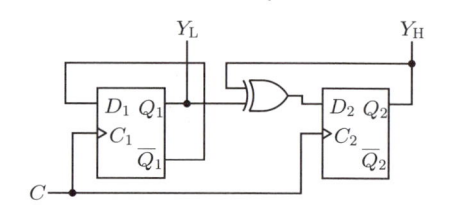

これらの回路を設計する際には，いわゆる**汎用ロジック IC**[*1] を使い，AND，OR，NOT などのゲートやフリップフロップといった部品を組み合わせて，回路をゼロから作っています．

こうした「従来の論理設計手法」に対し，いまは，より新しい設計手法が使われています．新しい手法では，**HDL**[*2] とよばれる記述言語を使って，あたかもソフトを書くようにハードを記述・設計するのです．また，回路の実装には **FPGA**[*3] 等の特別なハードウェアが使われます．ソフトウェア風にいえば，いまの論理回路設計は，

---

[*1] 論理ゲートやフリップフロップが数個程度入っている小型の IC のこと．米国テキサス・インスツルメンツ社が 1960 年代に製造を行い，その後に多くの互換製品が出た「74 シリーズ」が有名．
[*2] hardware description language (ハードウェア記述言語)．
[*3] field programmable gate array (プログラム可能な論理素子)．

## 12.2 Verilog HDL を使った記述例 (組み合わせ回路)

> 「回路のソースコード」を書いてコンパイルし，
> FPGA というハード上で回路 (バイナリコード) を実行する

といったところです．

　プログラミング言語には，C や Java などいろいろな種類がありますが，回路を記述する言語である HDL にも何種類かがあります (詳しくは，のちほど紹介します)．以下では Verilog とよばれる HDL を使った記述例を紹介したいと思います．

## 12.2 Verilog HDL を使った記述例 (組み合わせ回路)

　さっそく，回路の「ソースコード」の例を見てみましょう．これは，とても単純な組み合わせ回路を表す Verilog HDL のソースコードです．

例 12.1　論理否定のみから成る回路.
```
module SimpleCircuit( A, Y );
  input  A;     /* A が入力 */
  output Y;     /* Y が出力 */

  /* A のゼロイチを反転した結果が Y の値 */
  assign Y = ~ A;
endmodule
```

　簡単にソースコードの説明をしますと，まず 1 行目で回路の名前 (`SimpleCircuit` というモジュール名) を宣言したあと，2 行目と 3 行目で「変数 A が入力で，変数 Y が出力だ」ということを宣言しています．また，その次の `assign` 文で，入力 A と出力 Y の関係を記述しています．記述した関係は，

$$Y = \sim A$$

ですから (記号「~」は論理否定を表します)，この回路は，「出力 Y が入力 A の否定と等しい」ということ，すなわち，これは「単に NOT するだけ」の回路ということです．よって，

$$a \longrightarrow\!\!\!\triangleright\!\circ\; y$$

が，このソースコードが表す回路ということになります．このような感じで，HDL を

第 12 章 HDL による論理回路設計

使って回路を記述していくことができます．

例 12.1 では簡単すぎますので，次の例では，もう少し複雑な回路も記述してみたいと思います．これは Verilog HDL で書いた「全加算器」の設計図です．

> 例 12.2 「全加算器 (フルアダー)」の記述例．
> ```
> module FullAdder( A, B, D, S, C );
>   input  A, B, D;   /* A, B, D が入力 */
>   output S, C;      /* S, C が出力 */
>
>   assign S = A ^ (B ^ D);
>   assign C = (A & D) | (B & D) | (A & B);
> endmodule
> ```

行数は例 12.1 とほとんど変わらないのですが，全加算器だといわれると，ぐっとレベルが上がった感じがしますね．全加算器がどんなものだったか思い出せない人は，第 6 章にある図 6.5 を見て，おさらいしてください．要は，

- 入力 A, B (1 桁の 2 進数で，図 6.5 中の $a, b$ に対応) と，下位からの桁上がり D (これも 1 桁の 2 進数．図 6.5 の $d$ に対応) を合計し
- 合計 (2 進数 2 桁の値で表現できる) の下の位を S，上の位を C として出力する

という回路です．ここでは，入出力の関係を少し詳しく見ていきましょう．まずは，

$$S = A \ \hat{}\ (B \ \hat{}\ D)$$

です．記号「^」は，排他的論理和を表しています．つまり，上記の式は，三つある入力 A, B, D のうち，真 (1) が奇数個の場合は S の値は 1 になり，偶数個の場合は 0 になることを表しています．ちなみに，この例題では S の計算に排他的論理和を使っていますが，論理和・論理積・論理否定を使って設計してもかまいません．次に，もう片方の式である

$$C = (A \ \&\ D)\ |\ (B \ \&\ D)\ |\ (A \ \&\ B)$$

を見てみましょう．記号「&」は論理積，「|」は論理和です．この式からは，入力 A, B, D のうち，真 (1) が 2 個以上ある場合は C は 1 になり，そうでない場合は 0 になることが見てとれます．

## 12.3 Verilog HDL を使った記述例 (順序回路)

最後に，Verilog HDL で書かれた順序回路の例を紹介しましょう．知らない記号もたくさん出てきますが，大雑把な処理の雰囲気がわかれば OK です．

## 12.3 Verilog HDL を使った記述例 (順序回路)

**例 12.3** 「6 進カウンタ」の記述例.

```
module CNT6( CLK, RST, Q );
  input   CLK, RST;
  output [2:0] Q;   /* 出力 Q は 3 ビット (CLK と RST は 1 ビット) */
  reg    [2:0] Q;

  /* クロック CLK か リセット RST が 1 になったら if-文を実行 */
  always @ (posedge CLK or posedge RST) begin
      if ( RST == 1'b1 )
          Q <= 3'h0;
      else if ( Q == 3'h5 )    /* Q の値が 5 なら 0 に戻す. */
          Q <= 3'h0;           /* さもなくば Q の値を +1 する. */
      else
          Q <= Q + 3'h1;
  end
endmodule
```

これは, 6 進カウンタ (0〜5 までを数えるカウンタ) の記述例です. CLK (クロック信号を表す) と RST (回路のリセット信号を表す) が入力で, Q が出力です. Q の宣言のところに「[2:0]」とありますが, これは「Q は 3 ビットの値で, 0 ビット目から 2 ビット目まであるよ」という意味です. 10 進数と 2 進数の対応は表 12.1 のとおりなので, 6 進カウンタを作るには 3 ビット必要なわけです. また, reg という命令を使って, Q の 3 ビットの値をフリップフロップに記憶することを宣言しています.

次に,「always @ ...」以降の部分を眺めてみましょう. クロック信号 CLK かリセット信号 RST が 1 になったら, if 文が実行されます. 詳しく見てみますと,

表 12.1 10 進数と 2 進数の対応

| 10 進数 | 2 進数 |
|---|---|
| 0 | 000 |
| 1 | 001 |
| 2 | 010 |
| 3 | 011 |
| 4 | 100 |
| 5 | 101 |

- リセット信号 RST が 1 ならば，Q に 0 を代入する．
- Q の値が 5 であれば，Q に 0 を代入する．
- 上記のどれでもなければ，Q の値を 1 だけ増やす．

といった処理が書かれています．ここで，
- 「1'b1」は，1 ビットの値「1」
- 「3'h0」は，値「0」の 3 ビットを使った 2 進数表現
- 「3'h5」は，値「5」の 3 ビットを使った 2 進数表現

を，それぞれ表しています．また「Q <= 3'h0」は，変数 Q に 0 を代入する，という意味です．

ここでは 6 進カウンタを紹介しましたが，この設計図を変更して，10 進カウンタの設計図を書くことも可能です．6 進カウンタと 10 進カウンタがあれば 60 進カウンタができますので，時計に応用できますね．これは，章末例題に載せておきます．

▶ 章末例題 12.1 (p.130) も参照

## 12.4 さまざまな HDL と開発ツール

さて，ここまででハードウェアを書くための言語 (HDL) である Verilog のコードをいくつか見てきました．これらのほかにも，HDL の有名どころとしては，
- VHDL (米国・国防総省)
- AHDL (アルテラ社)
- ABEL (データ I/O 社)
- SFL (NTT の PARTHENON プロジェクト)
- SystemC (OSCI)

などがあります．なお，VHDL と Verilog はとくにメジャーな HDL で，IEEE[*1] により標準化されています．SystemC は 2000 年に発表された比較的新しい HDL ですが，ハードウェアのほかにその上で動くソフトウェアも書けるよう工夫されています．

さて，いろいろな HDL があることを見ましたが，それらをサポートするツールも，次々に開発されています．昔は高価なものだったそうですが，いまでは無償のツール

---

[*1] 電気・電子・通信・情報分野における，米国のメジャーな学会です．「アイトリプルイー」と読みます．この学会では，標準化活動も盛んです．たとえば「IEEE 802」は，ローカルエリアネットワーク (LAN) の標準規格です．ルータの説明書などで，見たことがある人もいるでしょう．

## 12.4 さまざまな HDL と開発ツール

もあります．たとえば，Xilinx 社の「ISE WebPACK」というツールは無償で手に入ります．図 12.1 は，その画面のスナップショットです．細部はよく見えないかも知れませんが，右側の大きな画面に，Verilog HDL で書かれたストップウォッチの設計図が表示されています．HDL 記述から回路への変換は画面上のボタン一つで行うことができ，たとえば図 12.2 は，図 12.1 のストップウォッチの Verilog HDL 記述を回路図に変換した結果です (回路の一部分のみ，表示しています)．少し時間はかかりますが，こうした回路を自動で求めてくれますので，とても便利です．ツールで行えることとしては，

- HDL 合成およびシミュレーション
- インプリメンテーション
- デバイスへのフィット
- JTAG プログラミング (リモートデバッグなど)

などが挙げられます．

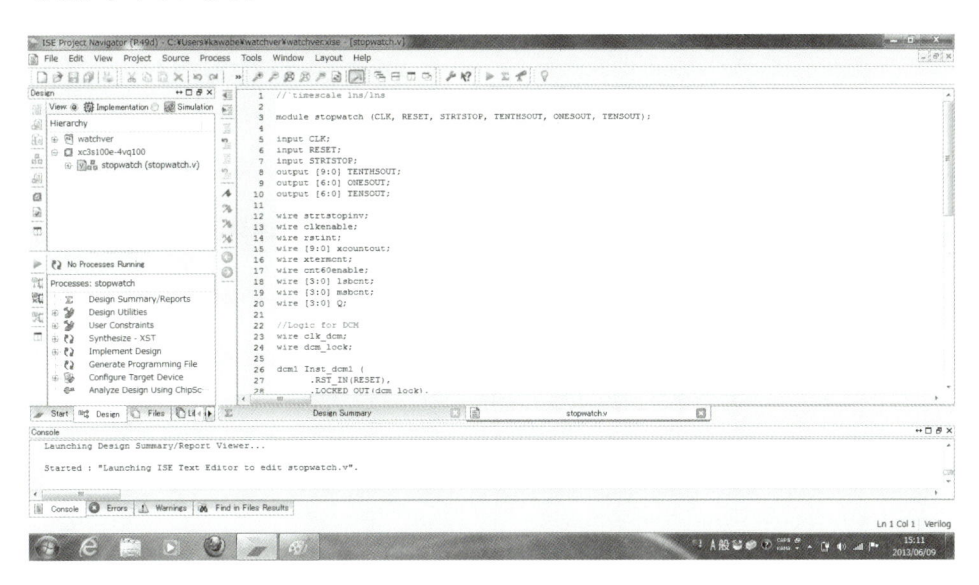

図 12.1 開発ツールの画面

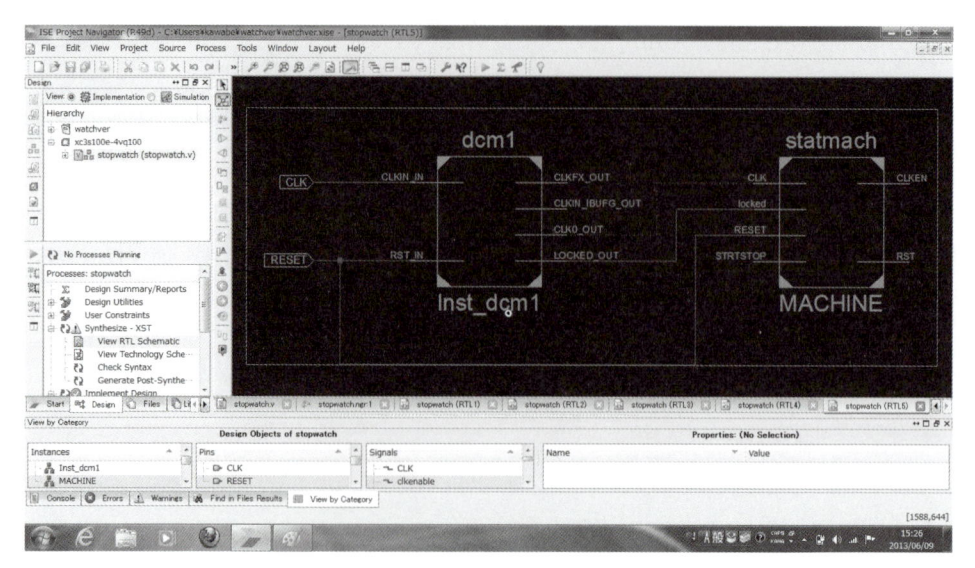

第 12 章　HDL による論理回路設計

図 12.2　ストップウォッチの HDL 記述を回路に変換した結果 (一部の回路のみ表示)

## 12.5　HDL を使った開発の流れと FPGA

　ここまでの説明の中で，HDL を使った「回路のソースコード」の記述や，ツールを使った回路への自動変換について紹介してきました．実際の開発の際は，このほかにも，回路が正しくできているかの確認 (論理シミュレーション，遅延・タイミングを含めたシミュレーション) を行ったり，実装用の特別なハードウェア (FPGA など) への回路情報の転送を行ったりします．HDL を使ったハードウェア開発の一般的な流れは，以下のとおりです．

[1] まず，どんな回路を作るかを明確にする (仕様設計)
[2] HDL を使って，コードを書く
[3] [2] のコードに対し，ツールを使って，正しくできているかをテストする (論理シミュレーション)
[4] [2] のコードをもとに，ツールが回路を自動合成
[5] [3] でチェックできない「遅延を含めたシミュレーション」を行う
[6] 一応「回路図」の完成
[7] [6] を FPGA 等にダウンロードし，回路を実現する

## 12.5 HDLを使った開発の流れとFPGA

[8] 実機上で動作確認
[9] 完成！

なお，実装 (手順 [7] 以降) のところでは，特別なハードが必要です．ここでは，FPGA とよばれる，実装用のハードウェアについて説明したいと思います．

FPGA というのは，field programmable gate array の略で，図 12.3 にあるような構造をしたハードウェアです[*1]．FPGA には，回路を変更できるという特徴があります．図 12.3 を見ますと次のような部品が格子状に並んでいて，縦横に配線がなされています．

- 論理ブロック[*2]
  — 組み合わせ回路の入出力の対応表である「**LUT (look-up table)**」という部品や D-FF などから成り，LUT にデータを書き込むことで，さまざまな組み合わせ回路として機能する．
- スイッチマトリクス
  — 配線の結線状況を定めるための部品．スイッチマトリクス内の**トランスファゲート**という部品を設定することで，結線状況をプログラミングする．

これらの部品の設定を変えることで，回路や結線状況を変更することができるわけです．

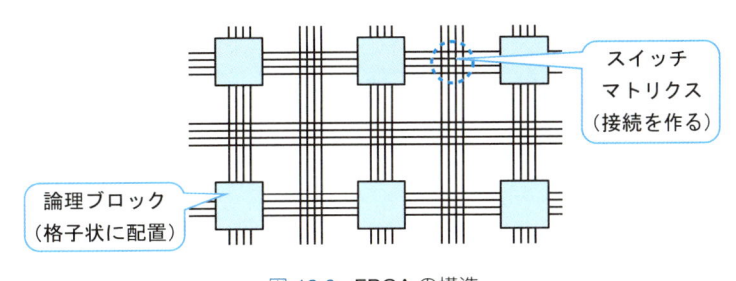

図 12.3 FPGA の構造

---

[*1] 実際には，FPGA は図中の部品のほかにも，クロックを制御する部品 (DLL (delay look loop)) や外部との入出力の部品 (I/O ブロック) をもつのですが，細かい点は省いて説明します．
[*2] 論理ブロックは，FPGA メーカによって「CLB (configurable logic block)」「LE (logic element)」「スライス」など，いろいろなよび方をされています．

130　第12章　HDLによる論理回路設計

なお，上記のLUTとトランスファゲートは，いわゆるSRAM (メモリ) がベースになっています．これは，電源をOFFにするとFPGA上にプログラミングした回路情報が消えてしまう，ということを意味しています．そこで，回路情報を別途ROM[*1]に書き込んでおき，起動時に毎回読み込んでFPGAの回路を初期化することが，よく行われます．

最後に，FPGAがどんな場面に向いているのかを述べておきましょう．一般には，FPGAは，少量多品種の開発に向いているといわれます．逆に，大量生産向けにはASIC[*2]の利用が適しているといえます．しかしいまでは，回路を容易に変更できる点を生かし，テレビ等の民生機器でもFPGAが使われているようです．また，チップのプロトタイプ作製にも，FPGAは適しています．実際には，少量生産の場合は，プロトタイプをそのまま最終製品にすることもあるようです．このほかにも，LSIのオンサイトデバッグをしたい場合にも，FPGAは威力を発揮するでしょう．オンサイトデバッグとは，実機を動かしながら回路のデバッグをすることです．FPGAではメモリの書き換えによって配線が変えられるので，こうしたデバッグが可能になります．

## 章末例題

**12.1** (ハードウェア記述言語による10進カウンタの記述)　6進カウンタの設計図 (例12.3) を変更して，10進カウンタの設計図を書く「紙上プログラミング」をしてみなさい．ただし，以下の点に注意しなさい．

- コードは，(例12.3からの差分だけではなく) すべて書き下しなさい．
- モジュール名は「CNT10」としなさい．
- 入力名・出力名は「CNT6」のときと同じでよい．

なお，変数Qが3ビットのままでは0～7までしかカウントできない．0～9までカウントするにはQは4ビット必要である．その変更を忘れずに，設計すること．その他の疑問については，VHDLやVerilog HDL向けの解説書がいろいろあるので，気に入った本を探して調べてもらいたい．

**解**　「10進カウンタ」の設計図は，たとえば，以下のようにVerilog HDLで書ける．

```
module CNT10( CLK, RST, Q );
  input   CLK, RST;
  output [3:0] Q;  /* 出力Qは4ビット (CLKとRSTは1ビット) */
  reg    [3:0] Q;
```

---

[*1] read-only memory. 一度だけ書き込みができ，その後は電源を落としても内容が失われない，読み出し専用として使うメモリ．

[*2] application specific IC. 「専用IC」とか「カスタムIC」ともよばれます．

```verilog
    /* クロック CLK か リセット RST が 1 になったら if-文を実行 */
    always @ (posedge CLK or posedge RST) begin
        if ( RST == 1'b1 )
            Q <= 4'h0;
        else if ( Q == 4'h9 )    /* Q の値が 9 なら 0 に戻す. */
            Q <= 4'h0;           /* さもなくば Q の値を +1 する. */
        else
            Q <= Q + 4'h1;
    end
endmodule
```

# 演習問題の解答集

### 第 1 章 準備

**問 1.1** (1) 2 進数 $\cdots$ 11111111, 8 進数 $\cdots$ 377, 16 進数 $\cdots$ 0xFF
(2) 2 進数 $\cdots$ 1111101000, 8 進数 $\cdots$ 1750, 16 進数 $\cdots$ 0x3E8
(3) 2 進数 $\cdots$ 1000011100001, 8 進数 $\cdots$ 10341, 16 進数 $\cdots$ 0x10E1
(4) 2 進数 $\cdots$ 1101001010000010, 8 進数 $\cdots$ 151202, 16 進数 $\cdots$ 0xD282

**問 1.2** (1) 2 進数 $\cdots$ 10001011, 8 進数 $\cdots$ 213, 10 進数 $\cdots$ 139
(2) 2 進数 $\cdots$ 100110010, 8 進数 $\cdots$ 462, 10 進数 $\cdots$ 306
(3) 2 進数 $\cdots$ 101010111100, 8 進数 $\cdots$ 5274, 10 進数 $\cdots$ 2748
(4) 2 進数 $\cdots$ 1111110000111011, 8 進数 $\cdots$ 176073, 10 進数 $\cdots$ 64571

**問 1.3** 「1 バイト = 12 ビット」のときは, $2^{12} = 4096$ 通りの値を表現可能.

**問 1.4** George Washington was born in 1732.

**問 1.5** 17836 ($12345 = 1 \times 9^4 + 7 \times 9^3 + 8 \times 9^2 + 3 \times 9 + 6$ より. あるいは, 12345 を 9 で割り続けて余りを並べることでも求められる. )

### 第 2 章 論理演算の基礎

**問 2.1** 以下の真理値表により, 論理式 $X$ は常に「0」を返す論理式である.

| $p$ | $q$ | $r$ | $p \oplus q$ | $q \oplus r$ | $p \oplus r$ | $(q \oplus r) \oplus (p \oplus r)$ | $X$ |
|---|---|---|---|---|---|---|---|
| 0 | 0 | 0 | 0 | 0 | 0 | 0 | **0** |
| 0 | 0 | 1 | 0 | 1 | 1 | 0 | **0** |
| 0 | 1 | 0 | 1 | 1 | 0 | 1 | **0** |
| 0 | 1 | 1 | 1 | 0 | 1 | 1 | **0** |
| 1 | 0 | 0 | 1 | 0 | 1 | 1 | **0** |
| 1 | 0 | 1 | 1 | 1 | 0 | 1 | **0** |
| 1 | 1 | 0 | 0 | 1 | 1 | 0 | **0** |
| 1 | 1 | 1 | 0 | 0 | 0 | 0 | **0** |

**問 2.2** 略

## 第 3 章　論理ゲートの紹介

**問 3.1**　(1)　　　　(2)　　　　(3)

**問 3.2**　書き換え前の回路と書き換え途中の回路についても，図を示す．解答は図 (c)．

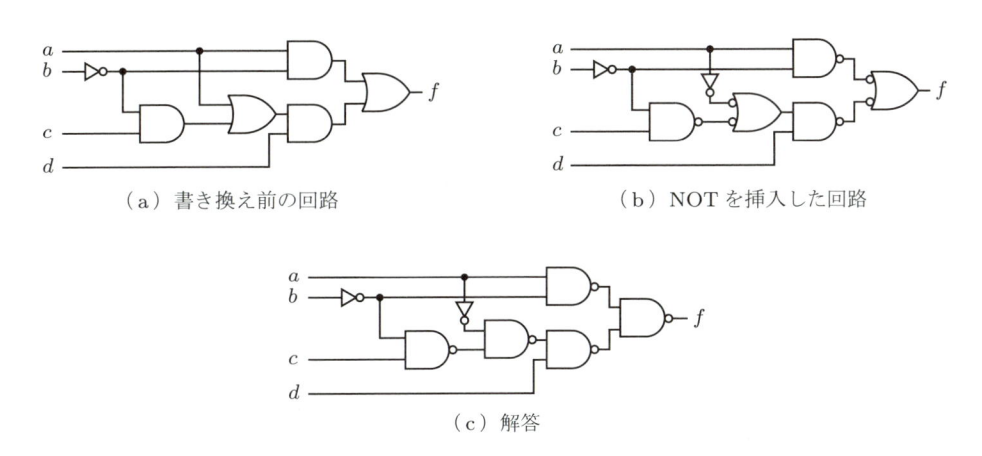

（a）書き換え前の回路　　　（b）NOT を挿入した回路

（c）解答

**問 3.3**　(1) $f = a + (\overline{b} \cdot c + b \cdot \overline{c})$
（もし排他的論理和 $\oplus$ も使ってよいのであれば，$f = a + (b \oplus c)$ となる）

(2) 回路図は左下の図のとおり．排他的論理和も使ってよいのであれば，右下の図のような回路も可能．

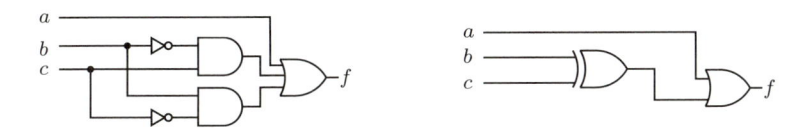

(3) 回路図は以下のとおり．

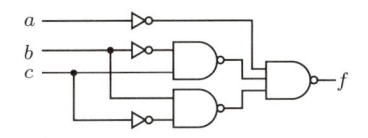

## 第4章　回路の簡単化

**問 4.1** 以下のカルノー図より，簡単化された論理式は，$\overline{x}\,\overline{z} + xz$.

| $x$ \ $yz$ | 00 | 01 | 11 | 10 |
|---|---|---|---|---|
| 0 | 1 |  |  | 1 |
| 1 |  | 1 | 1 |  |

**問 4.2** 以下のカルノー図より，簡単化された論理式は，$\overline{z} + x$.

| $x$ \ $yz$ | 00 | 01 | 11 | 10 |
|---|---|---|---|---|
| 0 | 1 |  |  | 1 |
| 1 | 1 | 1 | 1 | 1 |

**問 4.3** 多数決を表す式 $xyz + \overline{x}yz + x\overline{y}z + xy\overline{z}$ の簡単化のためのカルノー図は，以下のとおり (横長の囲みが二つと，縦長の囲みが一つ)．よって，上記の式は「$xz + yz + xy$」に簡単化できる．

| $x$ \ $yz$ | 00 | 01 | 11 | 10 |
|---|---|---|---|---|
| 0 |  |  | 1 |  |
| 1 |  | 1 | 1 | 1 |

## 第5章　回路の簡単化——発展編

**問 5.1** 以下のカルノー図より，$\overline{y} + \overline{w}$ に簡単化できる (縦長の囲みが「$\overline{w}$」を，横長の囲みが「$\overline{y}$」を表す).

| x y \ z w | 0 0 | 0 1 | 1 1 | 1 0 |
|---|---|---|---|---|
| 0 0 | 1 | 1 | 1 | 1 |
| 0 1 | 1 |   |   | 1 |
| 1 1 | 1 |   |   | 1 |
| 1 0 | 1 | 1 | 1 | 1 |

**問 5.2** ひとまず，できるだけ大きな囲みを使っていくつかの「1」を囲ってみることにする．すると，(まだ不完全な状態の) カルノー図

| x y \ z w | 0 0 | 0 1 | 1 1 | 1 0 |
|---|---|---|---|---|
| 0 0 |   | 1 |   | 1 |
| 0 1 |   | 1 | 1 | 1 |
| 1 1 | 1 | 1 |   |   |
| 1 0 | 1 | 1 |   |   |

が得られる．ここで，右から 2 列目の「1」をどのように囲むかにより，図 (a) もしくは図 (b) の 2 通りの囲み方が考えられる．簡単化の結果は，

- (a) の囲み方の場合：$x\bar{z} + \bar{z}w + \bar{x}z\bar{w} + \bar{x}yw$
- (b) の囲み方の場合：$x\bar{z} + \bar{z}w + \bar{x}z\bar{w} + \bar{x}yz$

である．また，簡単化の程度は，どちらの論理式も同じである．

| x y \ z w | 0 0 | 0 1 | 1 1 | 1 0 |
|---|---|---|---|---|
| 0 0 |   | 1 |   | 1 |
| 0 1 |   | 1 | 1 | 1 |
| 1 1 | 1 | 1 |   |   |
| 1 0 | 1 | 1 |   |   |

(a)

| x y \ z w | 0 0 | 0 1 | 1 1 | 1 0 |
|---|---|---|---|---|
| 0 0 |   | 1 |   | 1 |
| 0 1 |   | 1 | 1 | 1 |
| 1 1 | 1 | 1 |   |   |
| 1 0 | 1 | 1 |   |   |

(b)

**問 5.3** カルノー図は，以下のとおりである (今回は，すべての $X$ を 1 とみなしている)．よって，簡単化された式は

| $x\ y$ \ $z\ w$ | 0 0 | 0 1 | 1 1 | 1 0 |
|---|---|---|---|---|
| 0 0 |  |  | X | 1 |
| 0 1 | 1 | X | 1 | X |
| 1 1 |  |  |  |  |
| 1 0 |  |  | 1 | 1 |

$$\overline{x}y + \overline{y}z$$

である.

**問 5.4** カルノー図は以下となり，簡単化された式は

$$\overline{x}\,\overline{y} + y\overline{w}$$

である.

| $x\ y$ \ $z\ w$ | 0 0 | 0 1 | 1 1 | 1 0 |
|---|---|---|---|---|
| 0 0 | X | 1 | 1 | 1 |
| 0 1 | 1 |  |  | 1 |
| 1 1 | 1 | X | X | X |
| 1 0 |  |  |  |  |

## 第 6 章 回路の設計演習 (1)――4 ビット加算器

**問 6.1** 一番下の桁の計算部分 (入力は $a_1$，出力は $s_1$ (および $c_1$)) は，左下の真理値表より，

$$\begin{cases} c_1 = a_1 \\ s_1 = \overline{a}_1 \end{cases}$$

である．また，2 桁目以降については，右下の真理値表より，

$$\begin{cases} c_i = a_i \cdot d_i \\ s_i = a_i \oplus d_i \end{cases}$$

と書ける (ただし，$i = 2, 3, 4$ および $d_i = c_{i-1}$ である).

| $a$ | $c$ | $s$ |
|---|---|---|
| 0 | 0 | 1 |
| 1 | 1 | 0 |

$(0+1=01)$
$(1+1=10)$

| $a$ | $d$ | $c$ | $s$ |
|---|---|---|---|
| 0 | 0 | 0 | 0 |
| 0 | 1 | 0 | 1 |
| 1 | 0 | 0 | 1 |
| 1 | 1 | 1 | 0 |

$(0+0+0=00)$
$(0+0+1=01)$
$(1+0+0=01)$
$(1+0+1=10)$

さらに詳しく見ていくと，出力 $s_2, s_3, s_4$ は入力 $a_1, a_2, a_3, a_4$ を使って

$$\begin{cases} s_2 = a_2 \oplus d_2 = a_2 \oplus c_1 \\ \quad = a_2 \oplus a_1 \\ s_3 = a_3 \oplus d_3 = a_3 \oplus c_2 \\ \quad = a_3 \oplus (a_2 \cdot d_2) = a_3 \oplus (a_2 \cdot c_1) \\ \quad = a_3 \oplus (a_2 \cdot a_1) \\ s_4 = a_4 \oplus d_4 = a_4 \oplus c_3 \\ \quad = a_4 \oplus (a_3 \cdot d_3) = a_4 \oplus (a_3 \cdot c_2) \\ \quad = a_4 \oplus (a_3 \cdot (a_2 \cdot d_2)) = a_4 \oplus (a_3 \cdot (a_2 \cdot c_1)) \\ \quad = a_4 \oplus (a_3 \cdot (a_2 \cdot a_1)) \end{cases}$$

と表せる．また，出力の最上位ビットである $c$ については，

$$\begin{aligned} c &= c_4 \\ &= a_4 \cdot d_4 \\ &= a_4 \cdot c_3 \\ &= a_4 \cdot (a_3 \cdot d_3) \\ &= a_4 \cdot (a_3 \cdot c_2) \\ &= a_4 \cdot (a_3 \cdot (a_2 \cdot d_2)) \\ &= a_4 \cdot (a_3 \cdot (a_2 \cdot c_1)) \\ &= a_4 \cdot (a_3 \cdot (a_2 \cdot a_1)) \end{aligned}$$

である．以上をもとに，回路図としてまとめたものが以下の図である．

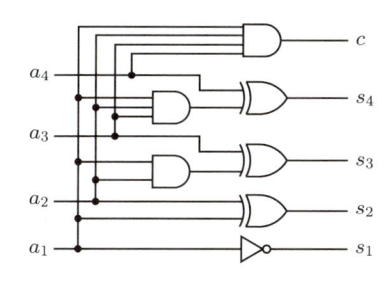

## 第 7 章　回路の設計演習 (2)——7 セグメントデコーダ

**問 7.1**　$f_2$ から $f_7$ の回路は，以下のとおり．問題で与えられた図にこれらを描き加えればよい．

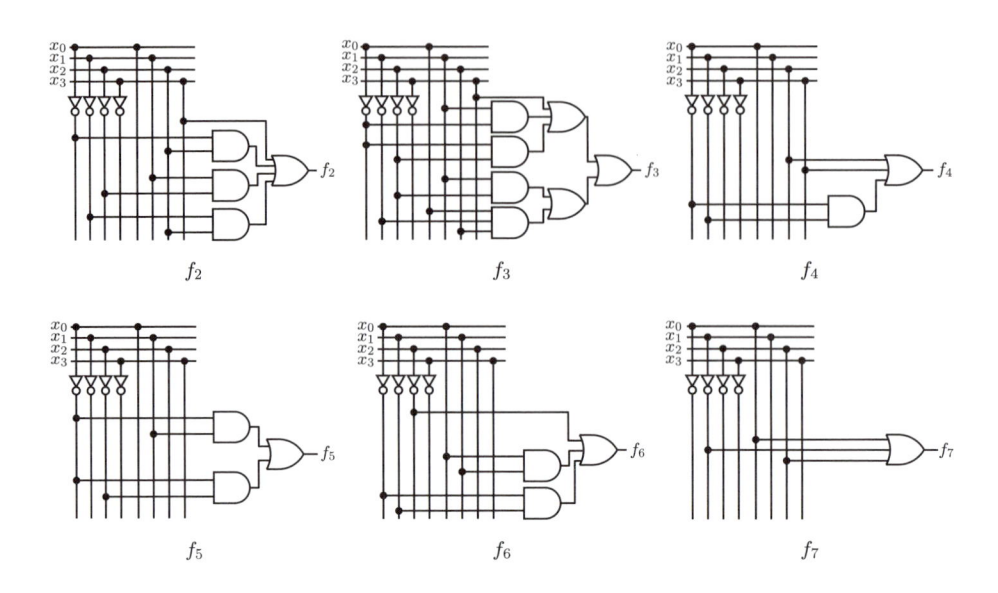

$f_2$

$f_3$

$f_4$

$f_5$

$f_6$

$f_7$

## 第 8 章　順序回路とは

**問 8.1**　「音が鳴っている状態」と「音が鳴っていない状態」の二つの状態を考え，

- 状態「無音」：音が鳴っていない状態
- 状態「鳴動」：音が鳴っている状態

と名付けることにする．また，出力信号としては，ブザー音を止める信号である「無音」と，ブザーを鳴らす信号である「鳴動」の 2 種類を考えることにする．本問では状態と出力信号で同一の名前を用いているが，簡単化のため，このようにした．

問題設定から，装置への入力は 0 または 1 のどちらかなので，

(1) 状態「無音」で，入力が 0
(2) 状態「無音」で，入力が 1
(3) 状態「鳴動」で，入力が 0
(4) 状態「鳴動」で，入力が 1

の 4 パターンを考えればよい．さらに，回路に対する要求

- 装置の出力にはブザーがつながっており，音を鳴らすことができる．装置からの出力が 0 のときはブザーは鳴らず，出力が 1 のときはブザーが鳴動する．

- ブザー音が鳴っていない状態で 0 が入力されても変化なし（音は鳴っていないまま）だが，1 が入力されると，ブザー音を鳴らし始める．
- ブザーが鳴動している状態になったら，入力にかかわらず，そのままブザー音を鳴らし続ける．

から，
 (1) 状態「無音」で，入力が 0 ⟶ 出力は「無音」，遷移先は「無音」
 (2) 状態「無音」で，入力が 1 ⟶ 出力は「鳴動」，遷移先は「鳴動」
 (3) 状態「鳴動」で，入力が 0 ⟶ 出力は「鳴動」，遷移先は「鳴動」
 (4) 状態「鳴動」で，入力が 1 ⟶ 出力は「鳴動」，遷移先は「鳴動」

となる．ただし，(2) については
 (2′) 状態「無音」で，入力が 1 ⟶ 出力は「無音」，遷移先は「鳴動」

としても要求に大きく反することはなさそうであり，この条件を使って回路設計を進めたとしても間違いとはいえない．以後の説明では，出力・遷移先ともに「鳴動」とする前者の条件のほうで，設計を進めることにする．

さて，上記の条件を表すと以下の図となり，これが求めるミーリーグラフである．なお，条件

- 最初は，ブザー音は鳴っていない状態とする．

があるため，状態「無音」に初期状態を表す小さな矢印をつけた．

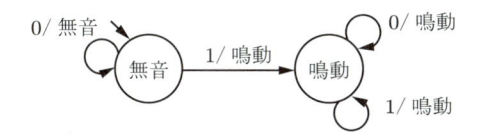

**問 8.2** 問 8.1 のミーリーグラフから状態遷移表を書くと，以下のようになる．

| 現状態 | 次状態 |  | 出力 |  |
|---|---|---|---|---|
|  | 入力 = 0 | 入力 = 1 | 入力 = 0 | 入力 = 1 |
| 無音 | 無音 | 鳴動 | 無音 | 鳴動 |
| 鳴動 | 鳴動 | 鳴動 | 鳴動 | 鳴動 |

さらに，記号「無音」と「鳴動」をゼロイチに変換して考えることにする．ここでは「無音」を 0 に，「鳴動」を 1 に変換すると，状態遷移表は以下のように書き換えられる．

| 現状態 | 次状態 |  | 出力 |  |
|---|---|---|---|---|
|  | 入力 = 0 | 入力 = 1 | 入力 = 0 | 入力 = 1 |
| 0 | 0 | 1 | 0 | 1 |
| 1 | 1 | 1 | 1 | 1 |

**140** 演習問題の解答集

ここで，現状態を変数 $s$，次状態を $s'$，入力を $a$，出力を $b$ とする．状態遷移表から，状態遷移関数と出力関数はまったく同一の式である．具体的には，

$$\begin{cases} s' = s + a \\ b = s' \end{cases}$$

である．これを回路化する (NAND ゲートを使わない形で回路を作る) と，次の図が得られる．

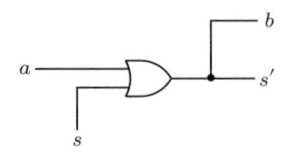

**問 8.3** D-FF 1 個を使い，問 8.2 の図の「$s$」と「$s'$」を D-FF の入出力につなげて順序回路を作ると，次の図が得られる．

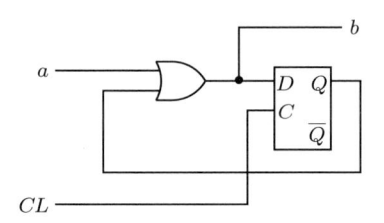

**問 8.4** 問 8.3 の図に対して，NAND ゲートを使うようにしたものが，次の図である．

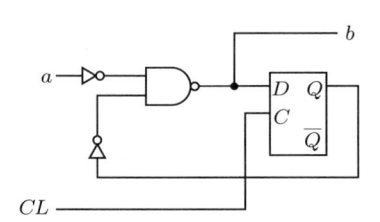

ここで，上の図に現れる二つの NOT ゲートのうち，下側は出力 $Q$ の否定をとるためのものであるから，この NOT ゲートを使う代わりに出力 $\overline{Q}$ からの信号を使うことで，以下の回路図が得られる．

演習問題の解答集

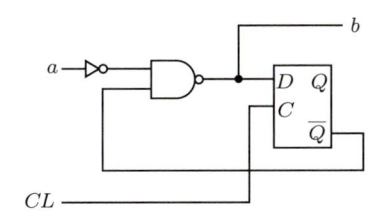

## 第 9 章　順序回路の設計

**問 9.1**　ミーリーグラフは，以下のとおりである．

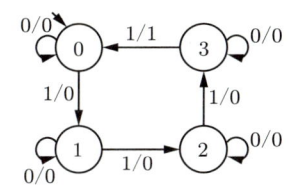

状態を表す記号「0」「1」「2」「3」を，それぞれビット列「00」「01」「10」「11」で表すことにして状態遷移表を書くと，下の表のようになる．

| 現状態 | 次状態 | | 出力 | |
|---|---|---|---|---|
| | 入力 = 0 | 入力 = 1 | 入力 = 0 | 入力 = 1 |
| 00 | 00 | 01 | 0 | 0 |
| 01 | 01 | 10 | 0 | 0 |
| 10 | 10 | 11 | 0 | 0 |
| 11 | 11 | 00 | 0 | 1 |

これより，出力関数・状態遷移関数を表す論理式を立てると（左端から 1 ビット目，2 ビット目と数えることにする），

- 次状態 (1 ビット目)：$s_1' = s_1\overline{s_2}\,\overline{x} + s_1 s_2 \overline{x} + \overline{s_1} s_2 x + s_1 \overline{s_2} x$
- 次状態 (2 ビット目)：$s_2' = \overline{s_1} s_2 \overline{x} + s_1 s_2 \overline{x} + \overline{s_1}\,\overline{s_2} x + s_1 \overline{s_2} x$
- 出力：$y = s_1 s_2 x$

である（ただし，状態を $s_1, s_2$ と，入力を $x$ としている）．ここで，$s_1'$ と $s_2'$ を

## 142　演習問題の解答集

$$\begin{aligned}
s_1' &= s_1\bar{s}_2\bar{x} + s_1 s_2 \bar{x} + \bar{s}_1 s_2 x + s_1 \bar{s}_2 x \\
&= s_1 \bar{s}_2 + s_1 \bar{x} + \bar{s}_1 s_2 x &\text{(カルノー図を描いて得られる式)} \\
&= s_1(\bar{s}_2 + \bar{x}) + \bar{s}_1 s_2 x &\text{(章末例題 2.4 の (2) より)} \\
&= s_1 \overline{s_2 x} + \bar{s}_1 s_2 x &\text{(ド・モルガンの法則 (第 1 式) より)} \\
&= s_1 \oplus s_2 x &\text{(章末例題 6.1 より)} \\
s_2' &= \bar{s}_1 s_2 \bar{x} + s_1 s_2 \bar{x} + \bar{s}_1 \bar{s}_2 x + s_1 \bar{s}_2 x \\
&= s_1(s_2 \bar{x} + \bar{s}_2 x) + \bar{s}_1(s_2 \bar{x} + \bar{s}_2 x) &\text{(章末例題 2.4 の (2) より)} \\
&= s_1(s_2 \oplus x) + \bar{s}_1(s_2 \oplus x) &\text{(章末例題 6.1 より)} \\
&= (s_1 + \bar{s}_1)(s_2 \oplus x) &\text{(章末例題 2.4 の (2) より)} \\
&= s_2 \oplus x &\text{(章末例題 2.1 の (1) より)}
\end{aligned}$$

と変形してみる．これらの式をもとにして，順序回路を作ると，以下の図が得られる．

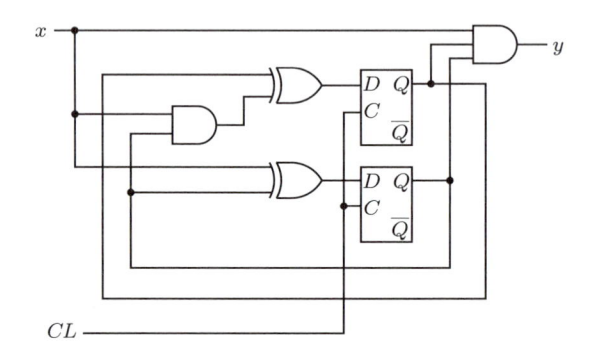

**問 9.2**　5進カウンタを表すミーリーグラフを，以下のように定めるものとする．

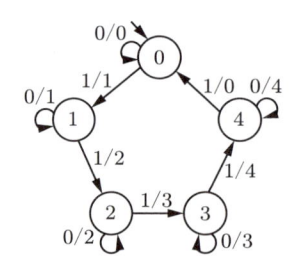

これをもとに，状態遷移表を書く．

| 現状態 | 次状態 入力=0 | 次状態 入力=1 | 出力 入力=0 | 出力 入力=1 |
|---|---|---|---|---|
| 0 | 0 | 1 | 0 | 1 |
| 1 | 1 | 2 | 1 | 2 |
| 2 | 2 | 3 | 2 | 3 |
| 3 | 3 | 4 | 3 | 4 |
| 4 | 4 | 0 | 4 | 0 |

ここで，状態・出力を表す記号「0」「1」「2」「3」「4」を，それぞれ，ビット列「000」「001」「010」「011」「100」に変換すると，状態遷移表は以下のように書き直せる．

| 現状態 | 次状態 入力=0 | 次状態 入力=1 | 出力 入力=0 | 出力 入力=1 |
|---|---|---|---|---|
| 000 | 000 | 001 | 000 | 001 |
| 001 | 001 | 010 | 001 | 010 |
| 010 | 010 | 011 | 010 | 011 |
| 011 | 011 | 100 | 011 | 100 |
| 100 | 100 | 000 | 100 | 000 |

出力関数・状態遷移関数ともに3ビットであることに注意しながら論理式を立てると（以下，左端から1ビット目，2ビット目，3ビット目と数えることにする），

- 次状態 (1ビット目)：$s'_1 = s_1 \overline{s_2}\, \overline{s_3}\, \overline{x} + \overline{s_1} s_2 s_3 x$
- 次状態 (2ビット目)：$s'_2 = \overline{s_1} s_2 \overline{s_3}\, \overline{x} + \overline{s_1} s_2 s_3 \overline{x} + \overline{s_1}\, \overline{s_2} s_3 x + \overline{s_1} s_2 \overline{s_3} x$
- 次状態 (3ビット目)：$s'_3 = \overline{s_1}\, \overline{s_2} s_3 \overline{x} + \overline{s_1} s_2 s_3 \overline{x} + \overline{s_1}\, \overline{s_2}\, \overline{s_3} x + \overline{s_1} s_2 \overline{s_3} x$
- 出力 (1ビット目)：$y_1 = s'_1$
- 出力 (2ビット目)：$y_2 = s'_2$
- 出力 (3ビット目)：$y_3 = s'_3$

である（ただし，状態を $s_1, s_2, s_3$ と，入力を $x$ としている）．ここで，ドントケア項も考慮に入れることにしつつ $s'_1 (= y_1)$ のカルノー図を作ると，以下のようになり，$s'_1 = y_1 = s_1 \overline{s_3}\, \overline{x} + s_2 s_3 x$ が得られる．

| $s_1\,s_2$ \ $s_3\,x$ | 0 0 | 0 1 | 1 1 | 1 0 |
|---|---|---|---|---|
| 0 0 | | | | |
| 0 1 | | | 1 | |
| 1 1 | X | X | X | X |
| 1 0 | 1 | | X | X |

また，同様に $s_2'(=y_2)$ についても簡単化を行うと，下の図より $s_2' = y_2 = s_2\bar{s}_3 + s_2\bar{x} + \bar{s}_2 s_3 x$ が得られる．

| $s_1\ s_2$ \ $s_3$ $x$ | 0 0 | 0 1 | 1 1 | 1 0 |
|---|---|---|---|---|
| 0  0 |   |   | 1 |   |
| 0  1 | 1 | 1 |   | 1 |
| 1  1 | X | X | X | X |
| 1  0 |   |   | X | X |

最後に，$s_3'(=y_3)$ についても，下の図より $s_3' = y_3 = s_3\bar{x} + \bar{s}_1\bar{s}_3 x$ となる．

| $s_1\ s_2$ \ $s_3$ $x$ | 0 0 | 0 1 | 1 1 | 1 0 |
|---|---|---|---|---|
| 0  0 |   | 1 |   | 1 |
| 0  1 |   | 1 |   | 1 |
| 1  1 | X | X | X | X |
| 1  0 |   |   | X | X |

ここで，$s_1', s_2', s_3'$（および $y_1, y_2, y_3$）を回路図として記述すると，

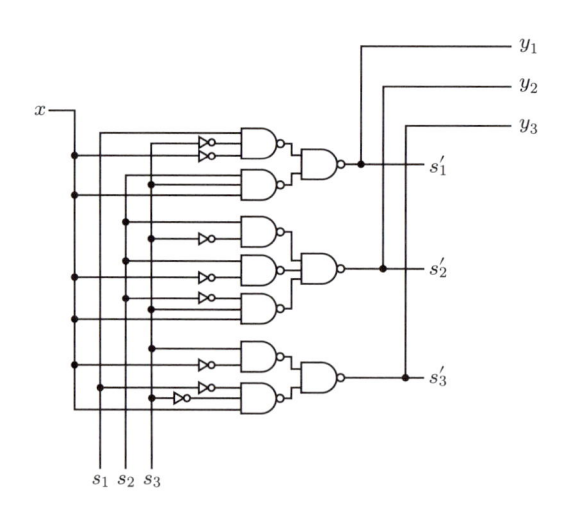

となる．さらに，フリップフロップを導入すれば，以下の最終的な回路図が得られる．

演習問題の解答集 145

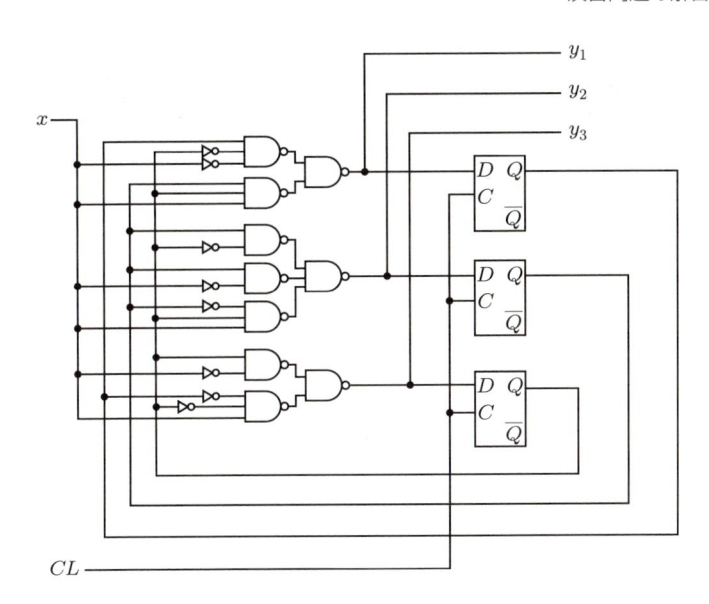

## 第 10 章　さまざまな論理回路——組み合わせ回路編

問 10.1　問 6.1 で作った「4 ビットで表される 2 進数に 1 を加える回路」の入力 ($a_1 \sim a_4$) をビット反転させればよい．これより，左下の図が望まれる動作を行うはずである．出力 $c$ は不要なので取り除き，少しだけ回路図を整理したものが右下の図である（本問の一つの解答例とする）．

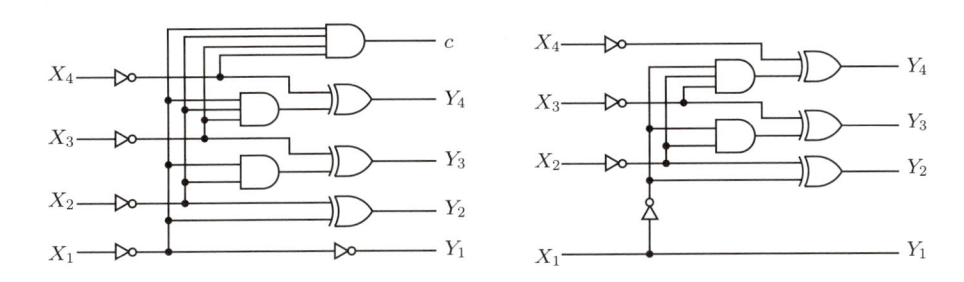

以下では，この回路図を眺めながら，もう少し簡略化できるかを検討してみたい．上記の回路図では $X_1 \sim X_4$ の入力直後に否定をとっているが，各ゲートの直前で否定をとるようにしたものが，左下の図である．

146　演習問題の解答集

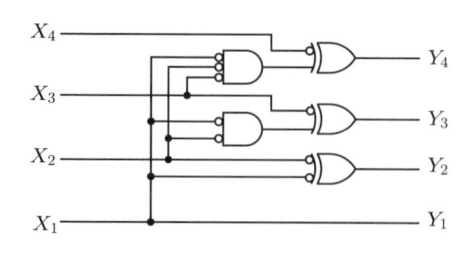

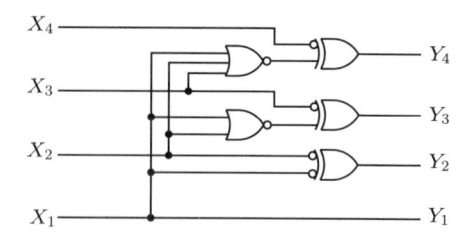

2.3 節で見たド・モルガンの法則 (第 2 式) より，この回路は NOR を使って右上の図のように表すことができる．さらに，NOT (まる) の位置を移動させると，左下の図が得られる．最後に，第 2 章の章末例題 2.4 の (4) より，

$$\overline{A} \oplus \overline{B} = A \oplus B$$

が成り立つので (つまり，排他的論理和の入力についている「まる」を外してもよい)，回路図は右下の図のような形にまで簡単化できる (これも，本問の解答例とする)．

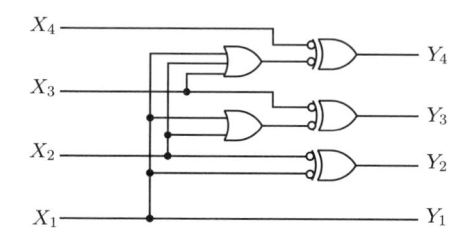

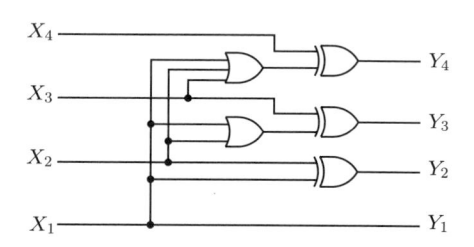

**問 10.2**　$A$ をビット列「$A_2 A_1 A_0$」で表される 2 進数，$B$ をビット列「$B_2 B_1 B_0$」で表される 2 進数とする．

まず，回路その 1 について考えると，これは

- $A$
- ビット列「$\overline{B_2}\, \overline{B_1}\, \overline{B_0}$」で表される 2 進数
- 1

を合計する回路といえる．問 10.1 より「$\overline{B_2}\, \overline{B_1}\, \overline{B_0} + 1$」は $B$ の 2 の補数であるから，$-B$ を表している．したがって，回路その 1 は「$A + (-B)$」，すなわち

$$A - B$$

を計算する回路である．このような回路は，**減算回路**とよばれる．

一方，回路その 2 では，三つの排他的論理和ゲートと，信号「$SA$」がある．これらを眺めてみると，入力 $B_i$ と $Y_i$ ($i = 0, 1, 2$) の間には

- $SA = 0$ のときは，$Y_i = B_i$　(なぜなら，$Y_i = B_i \oplus SA = B_i \oplus 0 = B_i$)
- $SA = 1$ のときは，$Y_i = \overline{B_i}$　(なぜなら，$Y_i = B_i \oplus SA = B_i \oplus 1 = \overline{B_i}$)

が成り立つ．つまり，回路その 2 は
- $SA = 0$ のときは，2 進数 $A_2A_1A_0$ と $B_2B_1B_0$ の和を求める回路
- $SA = 1$ のときは，2 進数 $A_2A_1A_0$ と $B_2B_1B_0$ の差を求める回路

として動作する．このような回路は，**加減算回路**とよばれる．

## 第 11 章　さまざまな論理回路 —— 順序回路編

**問 11.1**　タイミングチャートは，以下のとおり．

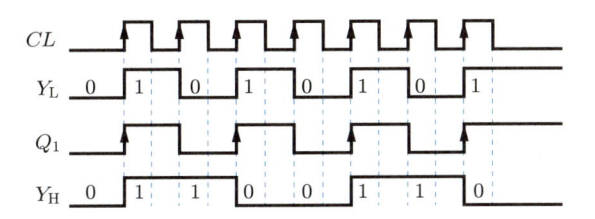

**問 11.2**　回路図は，以下のとおり．問 11.1 のタイミングチャートから，$Q_1$ が立ち上がるときに $Y_H$ の値が反転している．問 11.1 の問題文中の図では，$\overline{Q_2}$ が $D_2$ につないであるので，あとは $Q_1$ をクロック入力 $C_2$ につなげばよいとわかる．

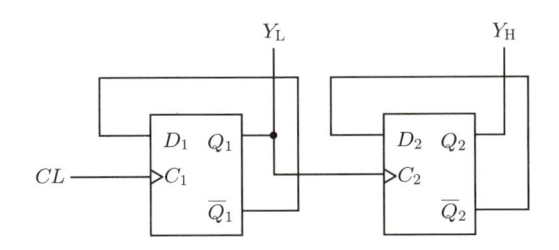

**問 11.3**　4 進ダウンカウンタでは，二つのフリップフロップを用いる．ここでは，本文中での説明と同様に出力を 2 進数 $Y_H Y_L$ として表すことにし，以下の回路図に加筆する形で回路を作ることにする．

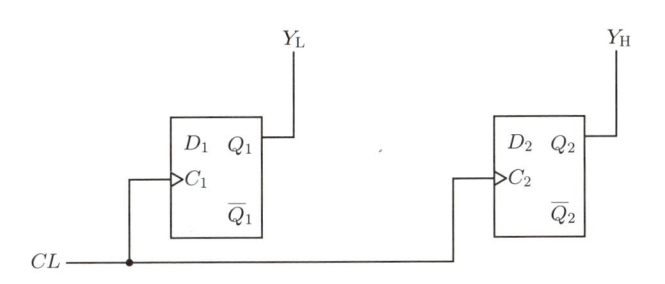

**148**　演習問題の解答集

　現在の $Y_H Y_L$ の値 (つまり $Q_2 Q_1$ の値) と次のクロックでの $Y_H Y_L$ の値 (つまり $D_2 D_1$ の値) の関係を真理値表にまとめると，以下のようになる．

| $Q_2$ | $Q_1$ | $D_2$ | $D_1$ |
|---|---|---|---|
| 0 | 0 | 1 | 1 |
| 0 | 1 | 0 | 0 |
| 1 | 0 | 0 | 1 |
| 1 | 1 | 1 | 0 |

　上記の真理値表をもとに，$D_1, D_2$ のカルノー図を描く．$D_1$ については図 (a) より $D_1 = \overline{Q_1}$ と書ける．また，$D_2$ については図 (b) のようになるから，$D_2 = \overline{Q_1 \oplus Q_2}$ と書ける．これをもとにすると，図 (c) の回路図が得られる．

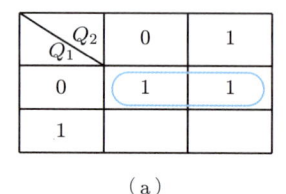

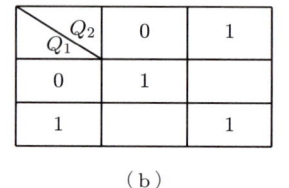

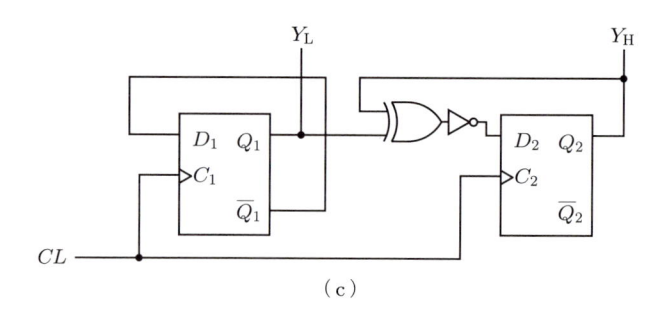

(a)

| $Q_1$ \ $Q_2$ | 0 | 1 |
|---|---|---|
| 0 | 1 | 1 |
| 1 |   |   |

(b)

| $Q_1$ \ $Q_2$ | 0 | 1 |
|---|---|---|
| 0 | 1 |   |
| 1 |   | 1 |

(c)

**(別解)**　4進カウンタの出力列

$$00 \longrightarrow 01 \longrightarrow 10 \longrightarrow 11 \longrightarrow 00 \longrightarrow \cdots$$

の各ビットを反転すると，4進ダウンカウンタの出力列

$$11 \longrightarrow 10 \longrightarrow 01 \longrightarrow 00 \longrightarrow 11 \longrightarrow \cdots$$

が得られる．このことから，11.3節で示した「4進カウンタ (同期版)」の回路をもとに，

　　出力 $Y_L$ と $Y_H$ を，それぞれ ($Q_1$ と $Q_2$ ではなく) $\overline{Q_1}$ と $\overline{Q_2}$ につなぐ

との変更を施してもよい．回路図は，以下のとおりである．

演習問題の解答集

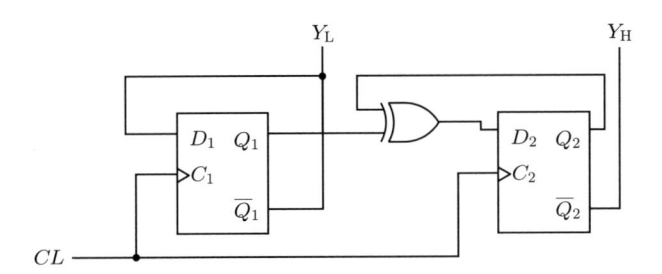

# 参考文献

さらに詳しく学びたい人向けには，以下の文献などが参考になるでしょう．

1. 雨宮好文：ディジタル回路の考え方，昭晃堂出版，1973.
2. 角山正博，中島繁雄：ディジタル回路の基礎，森北出版，2009.
3. 坂井修一：論理回路入門，培風館，2003.
4. 柴山潔：コンピュータサイエンスで学ぶ論理回路とその設計，近代科学社，1999.
5. 田丸啓吉：論理回路の基礎，工学図書，1983.
6. 堀桂太郎：図解 VHDL 実習，森北出版，2004.
7. 三掘邦彦，斎藤利通：わかりやすい論理回路，コロナ社，2012.
8. 南谷崇：論理回路の基礎，サイエンス社，2009.
9. 宮田武雄：速解 論理回路，コロナ社，1987.
10. Jayaram Bhasker 著，佐々木尚訳：Verilog HDL 論理合成入門，CQ 出版社，2001.
11. 堀桂太郎：絵とき ディジタル回路の教室，オーム社，2010.

# 索　引

## ■英数先頭

16-MUX　　100
16 進数　　5
1 を加える回路　　70
2 進数　　1
2 の補数表現　　108
4-MUX　　100
4 進 2 進エンコーダ　　102
4 進カウンタ (同期版)　　117
4 進カウンタ (非同期版)　　116
4 ビット加算器　　66
7 セグメントデコーダ　　72
8 進数　　5
AND ゲート　　23
ASCII コード　　9
D-FF　　83
D ラッチ　　82
Exclusive-OR ゲート　　25
FPGA　　122
HDL　　122
JK-FF　　118
LUT　　129
NAND ゲート　　24
NOR ゲート　　24
NOT ゲート　　24
OR ゲート　　24
SR-FF　　82
SR ラッチ　　81
Verilog　　123

## ■あ　行

イネーブル　　102
エッジトリガ型フリップフロップ　　115
エンコーダ　　102

## ■か　行

回路の解析　　95

加減算回路　　147
カルノー図　　36
組み合わせ回路　　79
クロック信号　　82
桁上げ先見加算器　　103
桁上げ伝搬加算回路　　62, 66
減算回路　　146

## ■さ　行

最小項　　39
主加法標準形　　39
出力関数　　85
順序回路　　79
状態　　83
状態遷移関数　　85
状態遷移図　　83
状態遷移表　　84
初期状態　　83
真理値表　　15
スイッチマトリクス　　129
遷移　　83
全加算器　　63
積項　　39
セット動作　　81
選言　　13
選択信号　　100

## ■た　行

タイミングチャート　　111
遅延　　113
デコーダ　　101
データセレクタ　　100
デマルチプレクサ　　101
同等　　18
ド・モルガンの法則　　19
トランスファゲート　　129
ドントケア項　　53

## ■な行

二重否定の法則　19

## ■は行

排他的論理和　13, 25
バイト　7
ハザード　82, 114
ハーフアダー　63
半加算器　63
汎用ロジック IC　122
ビット　7
ビット列　7
否定論理積　24
否定論理和　24
フリップフロップ　82
フルアダー　63
分配則　20

## ■ま行

マルチプレクサ　100

ミーリー型　80
ミーリーグラフ　84
ムーア型　80
命題　13
命題変数　13

## ■ら行

リセット動作　81
リテラル　39
連言　13
論理記号　13
論理ゲート　23
論理式　14
論理積　13, 23
論理否定　13, 24
論理ブロック　129
論理変数　13
論理和　13, 24

## 著者略歴

河辺　義信（かわべ・よしのぶ）
　1972 年　愛知県に生まれる
　1997 年　名古屋工業大学大学院修了
　1997 年　日本電信電話株式会社 NTT コミュニケーション科学基礎研究所
　　　　　（2002 年　米国マサチューセッツ工科大学客員研究員）
　2008 年　愛知工業大学情報科学部情報科学科准教授
　2016 年　愛知工業大学情報科学部情報科学科教授
　　　　　現在に至る
　　　　　博士（工学）

| 編集担当 | 上村紗帆（森北出版） |
| --- | --- |
| 編集責任 | 富井　晃（森北出版） |
| 組　版 | アベリー |
| 印　刷 | 丸井工文社 |
| 製　本 | 同 |

はじめての論理回路　　　　　　　　　　© 河辺義信　2016

2016 年 3 月 24 日　第 1 版第 1 刷発行　　【本書の無断転載を禁ず】
2024 年 1 月 19 日　第 1 版第 5 刷発行

著　者　河辺義信
発行者　森北博巳
発行所　森北出版株式会社
　　　　東京都千代田区富士見 1-4-11（〒 102-0071）
　　　　電話 03-3265-8341 ／ FAX 03-3264-8709
　　　　https://www.morikita.co.jp/
　　　　日本書籍出版協会・自然科学書協会　会員
　　　　JCOPY　<（一社）出版者著作権管理機構 委託出版物>

落丁・乱丁本はお取替えいたします。

Printed in Japan ／ ISBN978-4-627-81781-4

# MEMO